高等教育理工类精品课程规划教辅

大学物理练习册（第二版）

（一）

主　编　陈义万
副主编　闵　锐　胡　妮

批阅老师_____　　班级_____
学生姓名_____　　学号_____

华中科技大学出版社
中国·武汉

内 容 提 要

本练习册为一套两册,根据现行的大学物理教学大纲的基本要求编写,题型有选择题、填空题、计算题、理论推导与证明题、错误改正题和问答题,每次练习的题量大体相当于目前大学物理考试题量的一半,适合所有理工科专业的大学物理课程使用.

图书在版编目(CIP)数据

大学物理练习册/陈义万主编. —2 版. —武汉:华中科技大学出版社,2019.1
ISBN 978-7-5680-3289-6

Ⅰ.①大… Ⅱ.①陈… Ⅲ.①物理学-高等学校-习题集 Ⅳ.①O4-44

中国版本图书馆 CIP 数据核字(2017)第 198037 号

大学物理练习册(第二版)(一)   陈义万   主编
Daxue Wuli Lianxice(Di'erban)(Yi)

策划编辑:彭中军
责任编辑:史永霞
封面设计:孢 子
责任监印:朱 玢
出版发行:华中科技大学出版社(中国•武汉)   电话:(027)81321913
         武汉市东湖新技术开发区华工科技园   邮编:430223
录　　排:华中科技大学惠友文印中心
印　　刷:武汉市籍缘印刷厂
开　　本:787mm×1092mm　1/16
印　　张:5.5
字　　数:138 千字
版　　次:2019 年 1 月第 2 版第 1 次印刷
定　　价:13.00 元(含 2 册)

本书若有印装质量问题,请向出版社营销中心调换
全国免费服务热线:400-6679-118 　竭诚为您服务
版权所有　侵权必究

序　言

  大学物理练习在该门课程的学习中具有重要的作用.我们经常听到这样的说法:大学物理并不难学,但题目难做.为了解决这个问题,我们在多年的教学实践中提出了练习模式的概念:物理题目可以分为基本的题型即模式,复杂的题目实际上是由基本模式组合变换而来的.学生如果对大学物理每个部分的内容所涉及的题目的基本模式都熟悉了,那么,对比较复杂的题目的解题能力自然会提高.按照这样的思路,我们组织力量收集编写了这个练习册,每次作业题,大部分是基本模式练习,也有部分综合练习.由于编排合理、使用方便,该练习册在内部使用时效果良好.为了提高学生的素质、培养学生阅读经典物理书籍的习惯、学习著名科学家的思考方式,我们在练习册的最后一次作业中,向学生推荐了著名的物理书籍.学生们在阅读之后,可以以纸质或者电子文件的形式向老师提交读书心得,作为平时考核的依据之一.我们希望通过这次尝试,使广大学生不要仅仅认为学习大学物理就是学做几道题,还要认识到有更广大的物理空间.

  本练习册主编为陈义万,副主编为闵锐、胡妮,参加编写的还有徐国旺、陈之宜、黄楚云、李文兵、成纯富、龚娇丽、张金业、朱进容、裴玲、邓罡、罗志刚、欧艺文、李嘉、王健雄、饶识、罗山梦黛等老师.

编者
2018 年 12 月

目　录

第一次作业　质点运动学……………………………………………………（1）
第二次作业　牛顿力学………………………………………………………（4）
第三次作业　功与能…………………………………………………………（8）
第四次作业　冲量与动量……………………………………………………（12）
第五次作业　刚体运动………………………………………………………（15）
第六次作业　静电场…………………………………………………………（19）
第七次作业　恒定磁场………………………………………………………（24）
第八次作业　电磁感应………………………………………………………（29）
第九次作业　课外阅读任务…………………………………………………（33）
模拟试卷一……………………………………………………………………（35）
参考答案………………………………………………………………………（40）

第一次作业 质点运动学

班级：_____ 姓名：_____ 学号：_____

日期：_____年_____月_____日 成绩：_____

一、选择题(共 15 分)

1.(本题 3 分)

　　几个不同倾角的光滑斜面,这些斜面有共同的底边,顶点也在同一竖直面上.若使一物体(视为质点)从斜面上端由静止滑到下端的时间最短,则斜面的倾角应选(　　)

A. $60°$. 　　B. $45°$. 　　C. $30°$. 　　D. $15°$.

2.(本题 3 分)

　　一运动质点在某瞬时位于矢径 $\boldsymbol{r}(x,y)$ 的端点处,其速度大小为(　　)

A. $\dfrac{\mathrm{d}r}{\mathrm{d}t}$. 　　B. $\dfrac{\mathrm{d}\boldsymbol{r}}{\mathrm{d}t}$. 　　C. $\dfrac{\mathrm{d}|\boldsymbol{r}|}{\mathrm{d}t}$. 　　D. $\sqrt{\left(\dfrac{\mathrm{d}x}{\mathrm{d}t}\right)^2+\left(\dfrac{\mathrm{d}y}{\mathrm{d}t}\right)^2}$.

3.(本题 3 分)

　　一物体从某一确定高度以 v_0 的速度水平抛出,已知它落地时的速度为 v_t,那么它运动的时间是(　　)

A. $\dfrac{v_t-v_0}{g}$. 　　B. $\dfrac{v_t-v_0}{2g}$. 　　C. $\dfrac{(v_t^2-v_0^2)^{1/2}}{g}$. 　　D. $\dfrac{(v_t^2-v_0^2)^{1/2}}{2g}$.

4.(本题 3 分)

　　一条河在某一段直线岸边同侧有 A、B 两个码头,两码头相距 1 km.甲、乙两人需要从码头 A 到码头 B,再立即由 B 返回.甲划船前去,船相对河水的速度为 4 km/h;而乙沿岸步行,步行速度也为 4 km/h.如河水流速为 2 km/h,方向从 A 到 B,则(　　)

A. 甲比乙晚 10 分钟回到 A.　　B. 甲和乙同时回到 A.

C. 甲比乙早 10 分钟回到 A.　　D. 甲比乙早 2 分钟回到 A.

5.(本题 3 分)

　　下列说法哪一个正确?(　　)

A. 加速度恒定不变时,物体运动方向也不变.

B. 平均速率等于平均速度的大小.

C. 不管加速度如何,平均速率表达式总可以写成(v_1、v_2 分别为初、末速率)$v=(v_1+v_2)/2$.

D. 运动物体速率不变时,速度可以变化.

二、填空题(共 7 分)

6.(本题 3 分)

　　一质点做半径为 0.1 m 的圆周运动,其角位置的运动学方程为

$$\theta=\dfrac{p}{4}+\dfrac{1}{2}t^2 \quad (\mathrm{SI})$$

则其切向加速度为 $a_t=$ _____.

7.（本题 4 分）

一物体做如图 1-1 所示的斜抛运动，测得在轨道 A 点处速度 v 的大小为 v，其方向与水平方向成 $30°$ 夹角，则物体在 A 点的切向加速度 $a_t=$_____，轨道的曲率半径 $\rho=$_____．

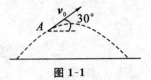

图 1-1

三、计算题（共 20 分）

8.（本题 5 分）

一物体悬挂在弹簧上做竖直振动，其加速度为 $a=-ky$，式中 k 为常量，y 是以平衡位置为原点所测得的坐标．假定振动的物体在坐标 y_0 处的速度为 v_0，试求速度 v 与坐标 y 的函数关系式．

9.（本题 5 分）

质点 M 在水平面内的运动轨迹如图 1-2 所示，OA 段为直线，AB、BC 段分别为不同半径的两个 1/4 圆周．设 $t=0$ 时，M 在 O 点，已知运动学方程为

$$S=30t+5t^2 \quad (SI)$$

求 $t=2$ s 时刻，质点 M 的切向加速度和法向加速度．

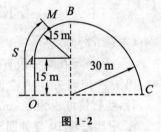

图 1-2

10.（本题 5 分）

河水自西向东流动，速度为 10 km/h．一轮船在水中航行，船相对于河水的航向为北偏西 $30°$，相对于河水的航速为 20 km/h．此时风向为正西，风速为 10 km/h．试求在船上观察到的烟囱冒出的烟缕的飘向．（设烟离开烟囱后很快就获得与风相同的速度．）

11.（本题 5 分）

一男孩乘坐一铁路平板车,在平直铁路上匀加速行驶,其加速度为 a,初始速度为零,开始运动时他向车前进的斜上方抛出一球,设抛球过程对车的加速度 a 的影响可忽略.如果他不必移动在车中的位置就能接住球,则抛出的方向与竖直方向的夹角 θ 应为多大?

四、理论推导与证明题（共 10 分）

12.（本题 5 分）

一艘正在沿直线行驶的电艇,在发动机关闭后,其加速度方向与速度方向相反,大小与速度平方成正比,即 $dv/dt = -Kv^2$,式中 K 为常量.试证明电艇在关闭发动机后又行驶 x 距离时的速度为

$$v = v_0 \exp(-Kx)$$

其中 v_0 是发动机关闭时的速度.

13.（本题 5 分）

将任意多个质点从某一点以同样大小的速度 $|v_0|$,在同一竖直面内沿不同方向同时抛出,试证明在任一时刻这些质点分散处在某一圆周上.

第二次作业 牛顿力学

班级：_____ 姓名：_____ 学号：_____

日期：_____年_____月_____日 成绩：_____

一、选择题（共 18 分）

1.（本题 3 分）

在升降机天花板上拴有一轻绳，其下端系一重物，如图 2-1 所示，当升降机以加速度 a_1 上升时，绳中的张力正好等于绳子所能承受的最大张力的一半，问升降机以多大加速度上升时，绳子刚好被拉断？（　　）

A. $2a_1$.

B. $2(a_1+g)$.

C. $2a_1+g$.

D. a_1+g.

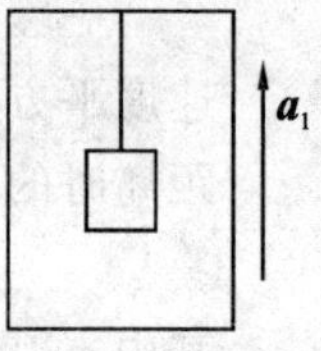

图 2-1

2.（本题 3 分）

两个质量相等的小球由一轻弹簧相连接，再用一细绳悬挂于天花板上，处于静止状态，如图 2-2 所示．将绳子剪断的瞬间，球 1 和球 2 的加速度 a_1 和 a_2 分别为（　　）

A. $a_1=g, a_2=g$.

B. $a_1=0, a_2=g$.

C. $a_1=g, a_2=0$.

D. $a_1=2g, a_2=0$.

图 2-2

3.（本题 3 分）

一只质量为 m 的猴，原来抓住一根用绳吊在天花板上的质量为 M 的直杆，如图 2-3 所示，悬线突然断开，小猴则沿杆子竖直向上爬以保持它离地面的高度不变，此时直杆下落的加速度为（　　）

A. g.

B. $\dfrac{m}{M}g$.

C. $\dfrac{M+m}{M}g$.

D. $\dfrac{M+m}{M-m}g$.

E. $\dfrac{M-m}{M}g$.

图 2-3

4.（本题 3 分）

如图 2-4 所示，一轻绳跨过一个定滑轮，两端各系一质量分别为 m_1 和 m_2 的重物，且

$m_1>m_2$.滑轮质量及轴上摩擦均不计,此时重物的加速度的大小为 a.今用一竖直向下的恒力 $F=m_1g$ 代替质量为 m_1 的物体,可得质量为 m_2 的重物的加速度的大小为 a',则(　　)

A. $a'=a$.

B. $a'>a$.

C. $a'<a$.

D. 不能确定.

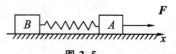

图 2-4

5.(本题 3 分)

质量分别为 m_1 和 m_2 的两滑块 A 和 B 通过一轻弹簧水平连接后置于水平桌面上,滑块与桌面间的摩擦系数均为 μ,系统在水平拉力 F 的作用下做匀速运动,如图 2-5 所示.如突然撤消拉力,则刚撤消后瞬间,二者的加速度 a_A 和 a_B 分别为(　　)

A. $a_A=0, a_B=0$.

B. $a_A>0, a_B<0$.

C. $a_A<0, a_B>0$.

D. $a_A<0, a_B=0$.

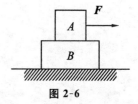

图 2-5

6.(本题 3 分)

质量分别为 m 和 M 的滑块 A 和 B,叠放在光滑水平桌面上,如图 2-6 所示. A、B 间的静摩擦系数为 μ_s,滑动摩擦系数为 μ_k,系统原处于静止.今有一水平力作用于 A 上,要使 A、B 不发生相对滑动,则应有(　　)

A. $F \leqslant \mu_s mg$.

B. $F \leqslant \mu_s(1+m/M)mg$.

C. $F \leqslant \mu_s(m+M)mg$.

D. $F \leqslant \mu_k mg \dfrac{M+m}{M}$.

图 2-6

二、填空题(共 7 分)

7.(本题 4 分)

在如图 2-7 所示的装置中,两个定滑轮与绳的质量以及滑轮与其轴之间的摩擦都可忽略不计,绳子不可伸长,m_1 与平面之间的摩擦也可不计,在水平外力 F 的作用下,物体 m_1 与 m_2 的加速度 $a=$ _____,绳中的张力 $T=$ _____.

8.(本题 3 分)

一小珠可以在半径为 R 的竖直圆环上做无摩擦滑动.今使圆环以角速度 ω 绕圆环竖直直径转动,如图 2-8 所示.要使小珠离开环的底部而停在环上某一点,则角速度 ω 最小应大于_____.

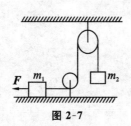

图 2-7

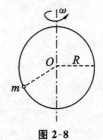

图 2-8

三、计算题(共 32 分)

9.(本题 5 分)

有一物体放在地面上,重量为 P,它与地面间的摩擦系数为 μ.今用力使物体在地面上匀速前进,问此力 F 与水平面夹角 θ 为多大时最省力?

10.(本题 12 分)

飞机降落时的着地速度大小 $v=90$ km/h,方向与地面平行,飞机与地面间的摩擦系数 $\mu=0.10$,迎面空气阻力为 $C_x v^2$,升力为 $C_y v^2$ (v 是飞机在跑道上的滑行速度,C_x 和 C_y 为两常量).已知飞机的升阻比 $K=C_y/C_x=5$,求飞机从着地到停止这段时间所滑行的距离 S.(设飞机刚着地时对地面无压力.)

11.(本题 10 分)

水平转台上放置一质量 $M=2$ kg 的小物块,物块与转台间的静摩擦系数 $\mu_s=0.2$,一条光滑的绳子一端系在物块上,另一端则由转台中心处的小孔穿下并悬一质量 $m=0.8$ kg 的物块.转台以角速度 $\omega=4\pi$ rad/s 绕竖直中心轴转动,求:转台上面的物块与转台相对静止时,物块转动半径的最大值 r_{max} 和最小值 r_{min}.

12.(本题5分)

质量为 m 的物体系于长度为 R 的绳子的一个端点上,在竖直平面内绕绳子另一端点(固定)做圆周运动.设 t 时刻物体瞬时速度的大小为 v,绳子与竖直向上的方向成 θ 角,如图2-9所示.

(1)求 t 时刻绳中的张力 T 和物体的切向加速度 a_t;

(2)说明在物体运动过程中 a_t 的大小和方向如何变化?

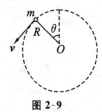

图2-9

四、理论推导与证明题(共5分)

13.(本题5分)

质量为 m 的小球,在水中受的浮力为常力 F,当它从静止开始沉降时,受到水的粘滞阻力的大小为 $f=kv$(k 为常数).证明小球在水中竖直沉降的速度 v 与时间 t 的关系为

$$v=\frac{mg-F}{k}(1-e^{-kt/m})$$

式中 t 为从沉降开始计算的时间.

第三次作业 功与能

班级：_____ 姓名：_____ 学号：_____

日期：____年____月____日 成绩：_____

一、选择题（共 18 分）

1.（本题 3 分）

一个质点同时在几个力的作用下的位移为

$$\Delta r = 4i - 5j + 6k \quad \text{(SI)}$$

其中一个力为恒力 $F = -3i - 5j + 9k$ （SI），则此力在该位移过程中所做的功为（　　）

A. -67 J. B. 17 J. C. 67 J. D. 91 J.

2.（本题 3 分）

质量为 m 的一艘宇宙飞船关闭发动机返回地球时，可认为该飞船只在地球的引力场中运动．已知地球质量为 M，万有引力恒量为 G，则当它从距地球中心 R_1 处下降到 R_2 处时，飞船增加的动能应等于（　　）

A. $\dfrac{GMm}{R_2}$.　　B. $\dfrac{GMm}{R_2^2}$.　　C. $GMm\dfrac{R_1-R_2}{R_1R_2}$.

D. $GMm\dfrac{R_1-R_2}{R_1^2}$.　　E. $GMm\dfrac{R_1-R_2}{R_1^2R_2}$.

3.（本题 3 分）

今有一劲度系数为 k 的轻弹簧，竖直放置，下端悬一质量为 m 的小球，如图 3-1 所示。开始时弹簧为原长而小球恰好与地接触，今将弹簧上端缓慢地提起，直到小球刚能脱离地面为止，在此过程中外力做功为（　　）

A. .　　B. $\dfrac{m^2g^2}{3k}$.　　C. $\dfrac{m^2g^2}{2k}$.

D. $\dfrac{2m^2g^2}{k}$.　　E. $\dfrac{4m^2g^2}{k}$.

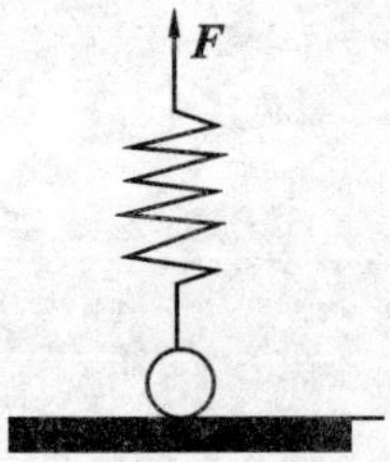

图 3-1

4.（本题 3 分）

如图 3-2 所示，两个小球用不能伸长的细软线连接，垂直地跨过固定在地面上、表面光滑且半径为 R 的圆柱，小球 B 着地，小球 A 的质量为 B 的两倍，且恰与圆柱的轴心一样高．由静止状态轻轻释放 A，当 A 球到达地面后，B 球继续上升的最大高度是（　　）

A. .　　B. $\dfrac{2}{3}R$.

C. $\dfrac{1}{2}R$.　　D. $\dfrac{1}{3}R$.

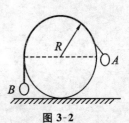

图 3-2

5.（本题 3 分）

做直线运动的甲、乙、丙三物体,质量之比是 1∶2∶3.若它们的动能相等,并且作用于每一个物体上的制动力的大小都相同,方向与各自的速度方向相反,则它们制动距离之比是（ ）

A. 1∶2∶3. B. 1∶4∶9. C. 1∶1∶1.

D. 3∶2∶1. E. $\sqrt{3}∶\sqrt{2}∶1$.

6.（本题 3 分）

一质点由原点从静止出发沿 x 轴运动,它在运动过程中受到指向原点的力作用,此力的大小正比于它与原点的距离,比例系数为 k.那么当质点离开原点为 x 时,它相对原点的势能值是（ ）

A. $-\dfrac{1}{2}kx^2$. B. $\dfrac{1}{2}kx^2$. C. $-kx^2$. D. kx^2.

二、填空题（共 8 分）

7.（本题 4 分）

一人造地球卫星绕地球做椭圆运动,近地点为 A,远地点为 B. A、B 两点距地心分别为 r_1、r_2,如图 3-3 所示.设卫星质量为 m,地球质量为 M,万有引力常量为 G,则卫星在 A、B 两点处的万有引力势能之差 $E_{pB}-E_{pA}=$ _____ ；卫星在 A、B 两点的动能之差 $E_{kB}-E_{kA}=$ _____ .

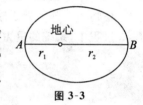

图 3-3

8.（本题 4 分）

质量 $m=1$ kg 的物体,在坐标原点处从静止出发在水平面内沿 x 轴运动,其所受合力方向与运动方向相同,合力大小为 $F=3+2x$（SI）,那么,物体在开始运动的 3 m 内,合力所做的功 $W=$ _____ ；且 $x=3$ m 时,其速率 $v=$ _____ .

三、计算题（共 25 分）

9.（本题 5 分）

质量 $m=2$ kg 的质点在力 $\boldsymbol{F}=12t\boldsymbol{i}$（SI）的作用下,从静止出发沿 x 轴正向做直线运动,求前 3 秒内该力所做的功.

10.（本题 10 分）

某弹簧不遵守胡克定律.设施力 $\boldsymbol{F}$,相应伸长为 x,力与伸长的关系为

$$\boldsymbol{F}=52.8x+38.4x^2 \quad (\text{SI})$$

求：(1) 将弹簧从伸长 $x_1=0.50$ m 拉伸到伸长 $x_2=1.00$ m 时,外力所须做的功；

(2)将弹簧横放在水平光滑桌面上,一端固定,另一端系一个质量为 2.17 kg 的物体,然后将弹簧拉伸到一定伸长 $x_2=1.00$ m,再将物体由静止释放,求当弹簧回到 $x_1=0.50$ m 时,物体的速率;

(3)此弹簧的弹力是保守力吗?

11.(本题 5 分)

  一个轻质弹簧,竖直悬挂,原长为 l,今将一质量为 m 的物体挂在弹簧下端,并用手托住物体使弹簧处于原长,然后缓慢地下放物体使到达平衡位置为止.试通过计算,比较在此过程中,系统的重力势能的减少量和弹性势能的增量的大小.

12.(本题 5 分)

  一个弹簧下端挂质量为 0.1 kg 的砝码时长度为 0.07 m,挂 0.2 kg 的砝码时长度为 0.09 m.现在把此弹簧平放在光滑桌面上,并要沿水平方向从长度 $l_1=0.10$ m 缓慢拉长到 $l_2=0.14$ m,外力须做功多少?

四、理论推导与证明题(共 13 分)

13. (本题 8 分)

质量为 m 的汽车,在水平面上沿 x 轴正方向运动,初始位置 $x_0=0$,从静止开始加速.在其发动机的功率 P 维持不变且不计阻力的条件下,证明:在时刻 t,

(1) 其速度表达式为 $v=\sqrt{2Pt/m}$;

(2) 其位置表达式为 $x=\sqrt{8P/(9m)}\,t^{3/2}$.

14. (本题 5 分)

假设在最好的刹车情况下,汽车轮子不在路面上滚动,而仅有滑动,试从功、能的观点出发,证明质量为 m 的汽车以速率 v 沿着水平道路运动时,刹车后,要它停下来所需要的最短距离为 $\dfrac{v^2}{2\mu_k g}$. (μ_k 为车轮与路面之间的滑动摩擦系数.)

第四次作业 冲量与动量

班级：_____ 姓名：_____ 学号：_____
日期：_____年_____月_____日 成绩：_____

一、选择题(共 18 分)

1.(本题 3 分)

质量分别为 m_A 和 $m_B(m_A>m_B)$、速度分别为 v_A 和 $v_B(v_A>v_B)$ 的两质点 A 和 B，受到相同的冲量作用，则( )

A. A 的动量增量的绝对值比 B 的小.   B. A 的动量增量的绝对值比 B 的大.
C. A、B 的动量增量相等.   D. A、B 的速度增量相等.

2.(本题 3 分)

一质量为 M 的斜面原来静止于水平光滑平面上，将一质量为 m 的木块轻轻放于斜面上，如图 4-1 所示. 如果此后木块能静止于斜面上，则斜面将( )

A. 保持静止.
B. 向右加速运动.
C. 向右匀速运动.
D. 向左加速运动.

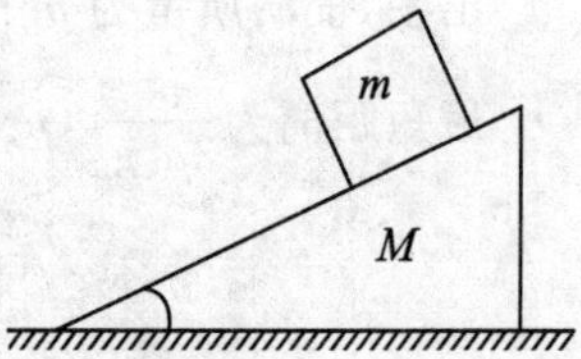

图 4-1

3.(本题 3 分)

质量为 m 的小球，沿水平方向以速率 v 与固定的竖直壁做弹性碰撞，设指向壁内的方向为正方向，则由于此碰撞，小球的动量增量为( )

A. mv.   B. 0.   C. $2mv$.   D. $-2mv$.

4.(本题 3 分)

如图 4-2 所示，圆锥摆的摆球质量为 m，速率为 v，圆半径为 R，当摆球在轨道上运动半周时，摆球所受重力冲量的大小为( )

A. $2mv$.
B. $\sqrt{(2mv)^2+(mg\pi R/v)^2}$.
C. $\pi Rmg/v$.
D. 0.

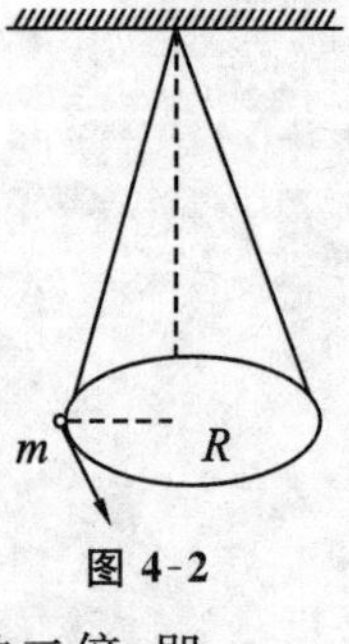

图 4-2

5.(本题 3 分)

动能为 E_K 的 A 物体与静止的 B 物体碰撞，设 A 物体的质量为 B 物体的二倍，即 $m_A=2m_B$. 若碰撞为完全非弹性的，则碰撞后两物体总动能为( )

A. E_K.   B. $\dfrac{2}{3}E_K$.   C. $\dfrac{1}{2}E_K$.   D. $\dfrac{1}{3}E_K$.

6.(本题 3 分)

一质点做匀速率圆周运动时，( )

A. 它的动量不变,对圆心的角动量也不变.
B. 它的动量不变,对圆心的角动量不断改变.
C. 它的动量不断改变,对圆心的角动量不变.
D. 它的动量不断改变,对圆心的角动量也不断改变.

二、填空题(共 8 分)

7. (本题 4 分)

有两艘停在湖上的船,它们之间用一根很轻的绳子连接.设第一艘船和人的总质量为 250 kg,第二艘船的总质量为 500 kg,水的阻力不计.现在站在第一艘船上的人用 $F=50$ N 的水平力来拉绳子,则 5 s 后第一艘船的速度大小为 _____;第二艘船的速度大小为 _____.

8. (本题 4 分)

两球质量分别为 $m_1=2.0$ g 和 $m_2=5.0$ g,它们在光滑的水平桌面上运动.用直角坐标 Oxy 描述其运动,两者速度分别为 $v_1=10\boldsymbol{i}$ cm/s, $v_2=(3.0\boldsymbol{i}+5.0\boldsymbol{j})$ cm/s.若两球碰撞后合为一体,则碰撞后两球速度 v 的大小 $v=$ _____, v 与 x 轴的夹角 $\alpha=$ _____.

三、计算题(共 26 分)

9. (本题 5 分)

如图 4-3 所示,传送带以 3 m/s 的速率水平向右运动,砂子从高 $h=0.8$ m 处落到传送带上,即随之一起运动.求传送带给砂子的作用力 F 的方向.(g 取 10 m/s^2)

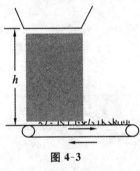

图 4-3

10. (本题 8 分)

矿砂从传送带 A 落到另一传送带 B 上(见图 4-4),其速度的大小 $v_1=4$ m/s,速度的方向与竖直方向成 30°角,而传送带 B 与水平成 15°角,其速度的大小 $v_2=2$ m/s.如果传送带的运送量恒定,设为 $q_m=2\,000$ kg/h,求矿砂作用在传送带 B 上的力的大小和方向.

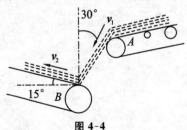

图 4-4

11.(本题 8 分)

质量为 1 kg 的物体,它与水平桌面间的摩擦系数 $\mu=0.2$. 现对物体施以 $\boldsymbol{F}=10t$ (SI)的力(t 表示时刻),力的方向保持一定,如图 4-5 所示. 如 $t=0$ 时物体静止,则 $t=3$ s 时它的速度大小 v 为多少?

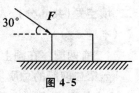

图 4-5

12.(本题 5 分)

如图 4-6 所示,质量为 M 的木块在光滑的固定斜面上,由 A 点从静止开始下滑,当经过路程 l 运动到 B 点时,木块被一颗水平飞来的子弹射中,子弹立即陷入木块内. 设子弹的质量为 m,速度为 v,求子弹射中木块后,子弹与木块的共同速度.

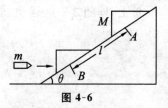

图 4-6

四、理论推导与证明题(共 10 分)

13.(本题 10 分)

试根据质点动量定理,推导由两个质点组成的质点系的动量定理,并导出动量守恒的条件.

第五次作业　刚体运动

班级：_____　姓名：_____　学号：_____

日期：____年____月____日　成绩：_____

一、选择题（共 18 分）

1.（本题 3 分）

如图 5-1 所示，A、B 为两个相同的绕着轻绳的定滑轮。A 滑轮挂一质量为 M 的物体，B 滑轮受拉力 F，而且 $F=Mg$。设 A、B 两滑轮的角加速度分别为 β_A 和 β_B，不计滑轮轴的摩擦，则有（　　）

A. $\beta_A = \beta_B$.　　　　　　B. $\beta_A > \beta_B$.

C. $\beta_A < \beta_B$.　　　　　　D. 开始时 $\beta_A = \beta_B$，以后 $\beta_A < \beta_B$.

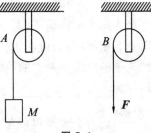

图 5-1

2.（本题 3 分）

一圆盘绕过盘心且与盘面垂直的光滑固定轴 O 以角速度 ω 按图示方向转动。若如图 5-2 所示的情况那样，将两个大小相等方向相反但不在同一条直线上的力 F 沿盘面同时作用到圆盘上，则圆盘的角速度 ω（　　）

A. 必然增大.　　　　B. 必然减少.

C. 不会改变.　　　　D. 如何变化，不能确定.

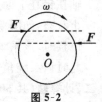

图 5-2

3.（本题 3 分）

一轻绳绕在有水平轴的定滑轮上，滑轮的转动惯量为 J，绳下端挂一物体。物体所受重力为 P，滑轮的角加速度为 β。若将物体去掉而以与 P 相等的力直接向下拉绳子，则滑轮的角加速度 β 将（　　）

A. 不变.　　　B. 变小.　　　C. 变大.　　　D. 如何变化无法判断.

4.（本题 3 分）

两个匀质圆盘 A 和 B 的密度分别为 ρ_A 和 ρ_B，若 $\rho_A > \rho_B$，但两圆盘的质量与厚度相同，如两盘对通过盘心垂直于盘面轴的转动惯量各为 J_A 和 J_B，则（　　）

A. $J_A > J_B$.　　B. $J_B > J_A$.　　C. $J_A = J_B$.　　D. J_A，J_B 哪个大，不能确定.

5.（本题 3 分）

光滑的水平桌面上，有一长为 $2L$、质量为 m 的匀质细杆，可绕过其中点且垂直于杆的竖直光滑固定轴 O 自由转动，其转动惯量为 $\frac{1}{3}mL^2$，起初杆静止。桌面上有两个质量均为 m 的小球，各自在垂直于杆的方向上，正对着杆的一端，以相同速率 v 相向运动，如图 5-3 所示为这一过程的俯视图。当两小球同时与杆的两个端点发生完全非弹性碰撞后，就与杆粘在一起转动，则这一系统碰撞后的转动角速度应为（　　）

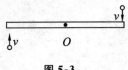

图 5-3

A. $\dfrac{2v}{3L}$.　　　B. $\dfrac{4v}{5L}$.　　　C. $\dfrac{6v}{7L}$.　　　D. $\dfrac{8v}{9L}$.　　　E. $\dfrac{12v}{7L}$.

6.(本题3分)

　　一圆盘正绕垂直于盘面的水平光滑固定轴 O 转动,如图5-4所示,这时射来两个质量相同、速度大小相同、方向相反并在同一条直线上的子弹,子弹射入圆盘并且留在盘内,则子弹射入后的瞬间,圆盘的角速度 ω (　　)

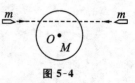

图5-4

A.增大.　　　B.不变.　　　C.减小.　　　D.不能确定.

二、填空题(共7分)

7.(本题4分)

　　利用皮带传动,用电动机拖动一个真空泵.电动机上装一半径为0.1 m的轮子,真空泵上装一半径为0.29 m的轮子,如图5-5所示.如果电动机的转速为1 450 rev/min,则真空泵上的轮子的边缘上一点的线速度为＿＿＿＿＿＿,真空泵的转速为＿＿＿＿＿＿.

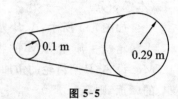

图5-5

8.(本题3分)

　　一长为 l ,质量可以忽略的直杆,两端分别固定有质量为 $2m$ 和 m 的小球,杆可绕通过其中心 O 且与杆垂直的水平光滑固定轴在铅直平面内转动.开始杆与水平方向成某一角度 θ ,处于静止状态,如图5-6所示.释放后,杆绕 O 轴转动.则当杆转到水平位置时,该系统所受到的合外力矩的大小 $M=$＿＿＿＿＿＿,此时该系统角加速度的大小 $\beta=$＿＿＿＿＿＿.

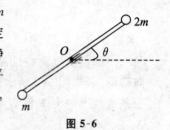

图5-6

三、计算题(共50分)

9.(本题5分)

　　一半径为 r 的圆盘,可绕一垂直于圆盘面的转轴做定轴转动.现在由于某种原因转轴偏离了盘心 O ,而在 C 处,如图5-7所示.若 A、B 是通过 CO 的圆盘直径上的两个端点,则 A、B 两点的速率将有所不同.现在假定圆盘转动的角速度 ω 是已知的,v_A、v_B 可以通过仪器测出,试通过这些量求出偏心距 l.

图5-7

10. (本题 10 分)

如图 5-8 所示,有质量为 $M_1=24$ kg 的圆轮,可绕水平光滑固定轴转动,一轻绳缠绕于轮上,另一端通过质量为 $M_2=5$ kg 的定滑轮悬有 $m=10$ kg 的物体。求当重物由静止开始下降了 $h=0.5$ m 时,
(1)物体的速度;
(2)绳中的张力.
(设绳与定滑轮间无相对滑动,圆轮、圆盘形定滑轮的转动惯量都用圆盘的转动惯量计算.)

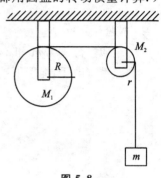

图 5-8

11. (本题 5 分)

有一半径为 R 的均匀球体,绕通过其一直径的光滑固定轴匀速转动,转动周期为 T_0. 如它的半径由 R 自动收缩为 $\frac{1}{2}R$,求球体收缩后的转动周期.(球体对于通过直径的轴的转动惯量为 $J=2mR^2/5$,式中 m 和 R 分别为球体的质量和半径.)

12. (本题 10 分)

质量为 $M=0.03$ kg、长为 $l=0.2$ m 的均匀细棒,在一水平面内绕通过棒中心并与棒垂直的光滑固定轴自由转动.细棒上套有两个可沿棒滑动的小物体,每个小物体的质量都为 $m=0.02$ kg.开始时,两个小物体分别被固定在棒中心的两侧且距棒中心各为 $r=0.05$ m,此系统以 $n_1=15$ rev/min 的转速转动.若将小物体松开,设它们在滑动过程中受到的阻力正比于它们相对棒的速度(已知棒对中心轴的转动惯量为 $Ml^2/12$),求:
(1)当两个小物体到达棒端时,系统的角速度是多少?
(2)当两个小物体飞离棒端时,棒的角速度是多少?

13. (本题 5 分)

一转动惯量为 J 的圆盘绕一固定轴转动,起初角速度为 ω_0,设它受的阻力矩与转动角速度成正比,即 $M=-k\omega$(k 为正的常数),求圆盘的角速度从 ω_0 变为 $\frac{1}{2}\omega_0$ 时所需要的时间.

14. (本题 5 分)

质量分别为 m 和 $2m$、半径分别为 r 和 $2r$ 的两个均匀圆盘,有相同水平光滑的轴,大小圆盘都有绳子,绳子下端都有一质量为 m 的重物,如图 5-9 所示,求盘的角加速度的大小.

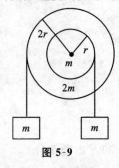

图 5-9

15. (本题 10 分)

如图 5-10 所示,一质量均匀分布的圆盘,质量为 M,半径为 R,放在一粗糙的水平面上(圆盘与水平面之间的摩擦系数为 μ),圆盘可绕通过其中心的竖直光滑轴转动. 开始时,圆盘静止,一质量为 m 的子弹以水平速度 v_0 垂直于圆盘半径打入圆盘的边缘并嵌在盘边上,求:

(1) 子弹击中圆盘后,盘所获得的角速度;

(2) 经过多少时间,圆盘停止转动.

(忽略子弹的重力造成的摩擦阻力矩.)

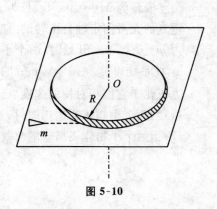

图 5-10

第六次作业 静电场

班级：_____ 姓名：_____ 学号：_____

日期：____年____月____日 成绩：_____

一、选择题（共 27 分）

1. （本题 3 分）

一均匀带电球面，电荷面密度为 σ，球面内电场强度处处为零，球面上面元 dS 带有 σdS 的电荷，该电荷在球面内各点产生的电场强度（　　）

A. 处处为零. B. 不一定都为零.

C. 处处不为零. D. 无法判定.

2. （本题 3 分）

如图 6-1 所示，两个"无限长"的、半径分别为 R_1 和 R_2 的共轴圆柱面均匀带电，沿轴线方向单位长度上所带电荷分别为 λ_1 和 λ_2，则在内圆柱面里面、距离轴线为 r 处的 P 点的电场强度大小 E 为（　　）

A. $\dfrac{\lambda_1+\lambda_2}{2\pi\varepsilon_0 r}$.

B. $\dfrac{\lambda_1}{2\pi\varepsilon_0 R_1}+\dfrac{\lambda_2}{2\pi\varepsilon_0 R_2}$.

C. $\dfrac{\lambda_1}{2\pi\varepsilon_0 R_1}$.

D. 0.

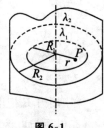

图 6-1

3. （本题 3 分）

设无穷远处电势为零，则半径为 R 的均匀带电球体产生的电场的电势分布规律为（图 6-2 中的 U_0 和 b 皆为常量）图 6-2 中的哪一个？（　　）

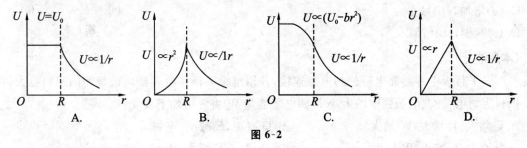

图 6-2

4. （本题 3 分）

如图 6-3 所示，直线 MN 长为 $2l$，弧 OCD 是以 N 点为圆心、l 为半径的半圆弧，N 点有正电荷 $+q$，M 点有负电荷 $-q$. 今将一试验电荷 $+q_0$ 从 O 点出发沿路径 $OCDP$ 移到无穷远处，设无穷远处电势为零，则电场力做功（　　）

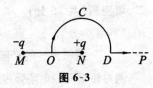

图 6-3

A. $A<0$,且为有限常量.　　　　　B. $A>0$,且为有限常量.
C. $A=\infty$.　　　　　　　　　　D. $A=0$.

5. (本题 3 分)

图 6-4 中实线为某电场中的电场线,虚线表示等势(位)面,由图可看出:(　　)

A. $E_A>E_B>E_C$, $U_A>U_B>U_C$.
B. $E_A<E_B<E_C$, $U_A<U_B<U_C$.
C. $E_A>E_B>E_C$, $U_A<U_B<U_C$.
D. $E_A<E_B<E_C$, $U_A>U_B>U_C$.

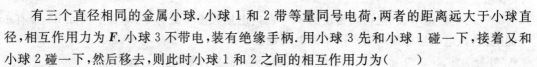

图 6-4

6. (本题 3 分)

有三个直径相同的金属小球.小球 1 和 2 带等量同号电荷,两者的距离远大于小球直径,相互作用力为 F.小球 3 不带电,装有绝缘手柄.用小球 3 先和小球 1 碰一下,接着又和小球 2 碰一下,然后移去,则此时小球 1 和 2 之间的相互作用力为(　　)

A. $F/4$.　　　B. $3F/8$.　　　C. $F/2$.　　　D. $3F/4$.

7. (本题 3 分)

两只电容器,$C_1=8\ \mu F$,$C_2=2\ \mu F$,分别把它们充电到 1 000 V,然后将它们反接,如图 6-5 所示,此时两极板间的电势差为(　　)

A. 0 V.
B. 200 V.
C. 600 V.
D. 1 000 V.

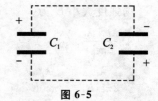

图 6-5

8. (本题 3 分)

用力 F 把电容器中的电介质板拉出,在图 6-6(a)(充电后仍与电源连接)和图 6-6(b)(充电后与电源断开)的两种情况下,电容器中储存的静电能量将(　　)

A. 都增加.
B. 都减少.
C. (a)增加,(b)减少.
D. (a)减少,(b)增加.

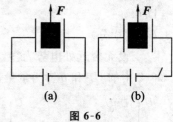

图 6-6

9. (本题 3 分)

一平行板电容器充电后仍与电源连接,若用绝缘手柄将电容器两极板间的距离拉大,则极板上的电荷 Q、电场强度的大小 E 和电场能量 W 将发生如下变化:(　　)

A. Q 增大,E 增大,W 增大.　　　B. Q 减小,E 减小,W 减小.
C. Q 增大,E 减小,W 增大.　　　D. Q 增大,E 增大,W 减小.

二、填空题(共 25 分)

10. (本题 3 分)

一面积为 S 的平面,放在场强为 E 的均匀电场中,已知 E 与平面间的夹角为 $\theta(\theta<\pi/2)$,则通过该平面的电场强度通量的数值 $\Phi_e=$ _____.

11.（本题 3 分）

一平行板电容器，极板面积为 S，相距为 d．若 B 板接地，且保持 A 板的电势 $U_A=U_0$ 不变．如图 6-7 所示，把一块面积相同的带有电荷为 Q 的导体薄板 C 平行地插入两板中间，则导体薄板 C 的电势 $U_C=$ ＿＿＿＿＿＿．

12.（本题 3 分）

如图 6-8 所示，在一个点电荷的电场中分别做三个电势不同的等势面 A、B、C．已知 $U_A>U_B>U_C$，且 $U_A-U_B=U_B-U_C$，则相邻两等势面之间的距离的关系是：R_B-R_A ＿＿＿＿＿＿ R_C-R_B．（填<，=，>）

13.（本题 4 分）

在一个不带电的导体球壳内，先放进一电荷为 $+q$ 的点电荷，点电荷不与球壳内壁接触；然后使该球壳与地接触一下，再将点电荷 $+q$ 取走．此时，球壳的电荷为 ＿＿＿＿＿＿，电场分布的范围是 ＿＿＿＿＿＿＿＿＿＿＿＿＿＿＿＿＿＿＿＿＿＿．

14.（本题 4 分）

一半径 $r_1=5$ cm 的金属球 A，带电荷 $q_1=+2.0\times10^{-8}$ C，另一内半径为 $r_2=10$ cm、外半径为 $r_3=15$ cm 的金属球壳 B，带电荷 $q_2=+4.0\times10^{-8}$ C，两球同心放置，如图 6-9 所示．若以无穷远处为电势零点，则 A 球电势 $U_A=$ ＿＿＿＿＿＿，B 球电势 $U_B=$ ＿＿＿＿＿＿．$\left(\dfrac{1}{4\pi\varepsilon_0}=9\times10^9\ \dfrac{\text{N}\cdot\text{m}^2}{\text{C}^2}\right)$

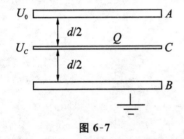

图 6-7

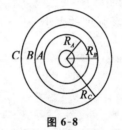

图 6-8

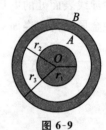

图 6-9

15.（本题 5 分）

一平行板电容器，充电后与电源保持连接，然后使两极板间充满相对介电常量为 ε_r 的各向同性均匀电介质，这时两极板上的电荷是原来的 ＿＿＿＿ 倍；电场强度是原来的 ＿＿＿＿ 倍；电场能量是原来的 ＿＿＿＿ 倍．

16.（本题 3 分）

一带电荷 q、半径为 R 的金属球壳，壳内充满介电常量为 ε_r 的各向同性均匀电介质，壳外真空，则此球壳的电势 $U=$ ＿＿＿＿＿＿．

三、计算题（共 38 分）

17.（本题 8 分）

真空中有一半径为 R 的圆平面．在通过圆心 O 与平面垂直的轴线上一点 P 处，有一电荷为 q 的点电荷．O、P 间的距离为 h，如图 6-10 所示．试求通过该圆平面的电场强度通量 $\varPhi$．

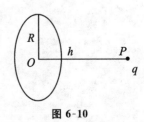

图 6-10

18. (本题 10 分)

电荷以相同的面密度 σ 分布在半径为 $r_1=10$ cm 和 $r_2=20$ cm 的两个同心球面上. 设无限远处电势为零, 球心处的电势为 $U_0=300$ V.

(1) 求电荷面密度 σ;

(2) 若要使球心处的电势也为零, 外球面上应放掉多少电荷？

$[\varepsilon_0=8.85\times10^{-12} C^2/(N\cdot m^2)]$

19. (本题 10 分)

在盖革计数器中有一直径为 2.00 cm 的金属圆筒, 在圆筒轴线上有一条直径为 0.134 mm 的导线. 如果在导线与圆筒之间加上 850 V 的电压, 试分别求：

(1) 导线表面处的电场强度的大小；

(2) 金属圆筒内表面处的电场强度的大小.

20. (本题 5 分)

在场强为 E 的均匀电场中, 一质量为 m、电荷为 q 的粒子由静止释放. 在忽略重力的条件下, 试求该粒子运动位移的大小为 S 时的动能.

21.（本题 5 分）

一绝缘金属物体,在真空中充电达到某一电势值时,其电场总能量为 W_0。若断开电源,使其上所带电荷保持不变,并把它浸没在相对介电常量为 ε_r 的无限大的各向同性均匀液态电介质中,问这时电场总能量 W 有多大?

四、理论推导与证明题（共 5 分）

22.（本题 5 分）

试论证静电场中电场线与等势面处处正交.

五、错误改正题（共 5 分）

23.（本题 5 分）

有若干个电容器,将它们串联或并联时,如果其中有一个电容器的电容值增大,则:

(1) 串联时,总电容随之减小;

(2) 并联时,总电容随之增大.

上述说法是否正确,如有错误请改正.

第七次作业 恒定磁场

班级：_____ 姓名：_____ 学号：_____

日期：_____年_____月_____日 成绩：_____

一、选择题（共 24 分）

1.（本题 3 分）

在磁感强度为 B 的均匀磁场中做一半径为 r 的半球面 S，S 边线所在平面的法线方向单位矢量 n 与 B 的夹角为 α，如图 7-1 所示，则通过半球面 S 的磁通量（取弯面向外为正）为（　　）

A. $\pi r^2 B$.　　　　　　　　B. $2\pi r^2 B$.

C. $-\pi r^2 B\sin\alpha$.　　　　D. $-\pi r^2 B\cos\alpha$.

图 7-1

2.（本题 3 分）

均匀磁场的磁感强度 B 垂直于半径为 r 的圆面。今以该圆周为边线，做一半球面 S，则通过 S 面的磁通量的大小为（　　）

A. $2\pi r^2 B$.　　B. $\pi r^2 B$.　　C. 0.　　D. 无法确定的量.

3.（本题 3 分）

边长为 l，由电阻均匀的导线构成的正三角形导线框 abc，通过彼此平行的长直导线 1 和 2 与电源相连，导线 1 和 2 分别与导线框在 a 点和 b 点相接，导线 1 和线框的 ac 边的延长线重合。导线 1 和 2 上的电流为 I，如图 7-2 所示. 令长直导线 1、2 和导线框中电流在线框中心 O 点产生的磁感强度分别为 B_1、B_2 和 B_3，则 O 点的磁感强度大小（　　）

A. $B=0$，因为 $B_1=B_2=B_3=0$.　　B. $B=0$，因为 $B_1+B_2=0$，$B_3=0$.

C. $B\neq 0$，因为虽然 $B_1+B_2=0$，但 $B_3\neq 0$.

D. $B\neq 0$，因为虽然 $B_3=0$，但 $B_1+B_2\neq 0$.

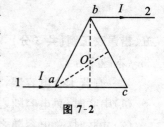

图 7-2

4.（本题 3 分）

边长为 L 的一个导体方框上通有电流 I，则此框中心的磁感强度（　　）

A. 与 L 无关.　　B. 正比于 L^2.　　C. 与 L 成正比.

D. 与 L 成反比.　　E. 与 I^2 有关.

5.（本题 3 分）

如图 7-3 所示，六根无限长导线互相绝缘，通过电流均为 I，区域Ⅰ、Ⅱ、Ⅲ、Ⅳ均为相等的正方形，哪一个区域指向纸内的磁通量最大？（　　）

A. Ⅰ区域.　　B. Ⅱ区域.　　C. Ⅲ区域.

D. Ⅳ区域.　　E. 最大不止一个.

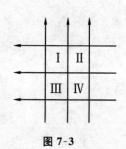

图 7-3

6.(本题3分)

如图7-4所示,无限长直载流导线与正三角形载流线圈在同一平面内,若长直导线固定不动,则载流三角形线圈将(　　)
A. 向着长直导线平移.　　B. 离开长直导线平移.
C. 转动.　　D. 不动.

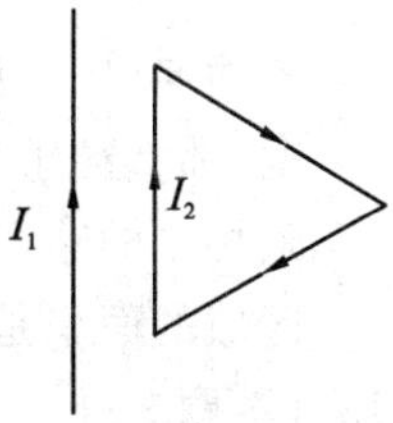

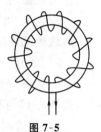

图7-4

7.(本题3分)

如图7-5所示的一细螺绕环,它由表面绝缘的导线在铁环上密绕而成,每厘米绕10匝.当导线中的电流 I 为2.0 A时,测得铁环内的磁感应强度的大小为1.0T,则可求得铁环的相对磁导率 μ_r 为(真空磁导率 $\mu_0 = 4\pi \times 10^{-7}$ T·m·A^{-1})(　　)
A. 7.96×10^2.　　B. 3.98×10^2.
C. 1.99×10^2.　　D. 63.3.

图7-5

8.(本题3分)

关于稳恒电流磁场的磁场强度 H,下列几种说法中哪个是正确的?(　　)
A. H 仅与传导电流有关.
B. 若闭合曲线内没有包围传导电流,则曲线上各点的 H 必为零.
C. 若闭合曲线上各点 H 均为零,则该曲线所包围传导电流的代数和为零.
D. 以闭合曲线 L 为边缘的任意曲面的 H 通量均相等.

二、填空题(共26分)

9.(本题3分)

电流由长直导线1沿半径方向经 a 点流入一电阻均匀分布的圆环,再由 b 点沿半径方向从圆环流出,经长直导线2返回电源(见图7-6).已知直导线上的电流强度为 I,圆环的半径为 R,且1、2两直导线的夹角 $\angle aOb = 30°$,则圆心 O 处的磁感强度的大小 $B = $ _____.

10.(本题3分)

如图7-7所示,电荷 $q(>0)$ 均匀地分布在一个半径为 R 的薄球壳外表面上,若球壳以恒角速度 ω_0 绕 z 轴转动,则沿着 z 轴从 $-\infty$ 到 $+\infty$ 磁感强度的线积分等于 _____.

11.(本题3分)

质量为 m、电荷为 q 的粒子具有动能 E,该粒子沿垂直磁感线的方向飞入磁感强度为 B 的匀强磁场中.当该粒子越出磁场时,运动方向恰与进入时的方向相反,那么沿粒子飞入的方向上磁场的最小宽度 $L = $ _____.

12.(本题5分)

如图7-8所示,一个均匀磁场 B 只存在于垂直于图面的 P 平面右侧,B 的方向垂直于

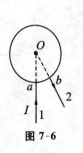

图7-6

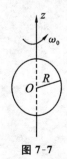

图7-7

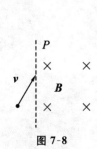

图7-8

图面向里.一质量为 m、电荷为 q 的粒子以速度 v 射入磁场.v 在图面内与界面 P 成某一角度.那么粒子在从磁场中射出前是做半径为_____的圆周运动.如果 $q>0$ 时,粒子在磁场中的路径与边界围成的平面区域的面积为 S,那么 $q<0$ 时,其路径与边界围成的平面区域的面积是_____.

13.(本题 3 分)

在磁场中某点磁感强度的大小为 $2.0\ \text{Wb/m}^2$,在该点一圆形试验线圈所受的最大磁力矩为 $6.28\times10^{-6}\ \text{N}\cdot\text{m}$,如果通过的电流为 10 mA,则可知线圈的半径为_____m,这时线圈平面法线方向与该处磁感强度的方向的夹角为_____.

14.(本题 3 分)

如图 7-9 所示,均匀磁场中放一均匀带正电荷的圆环,其线电荷密度为 λ,圆环可绕通过环心 O 与环面垂直的转轴旋转.当圆环以角速度 ω 转动时,圆环受到的磁力矩为_____,其方向为_____.

15.(本题 3 分)

在 xy 平面内,有两根互相绝缘,分别通有电流 $\sqrt{3}I$ 和 I 的长直导线.设两根导线互相垂直(见图 7-10),则在 xy 平面内,磁感强度为零的点的轨迹方程为_____.

16.(本题 3 分)

将同样的几根导线焊成立方体,并在其对顶角 A、B 上接上电源,如图 7-11 所示,则立方体框架中的电流在其中心处所产生的磁感强度等于_____.

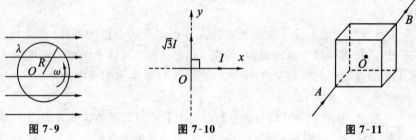

图 7-9   图 7-10   图 7-11

三、计算题(共 40 分)

17.(本题 10 分)

真空中有一边长为 l 的正三角形导体框架.另有相互平行并与三角形的 bc 边平行的长直导线 1 和 2,它们分别在 a 点和 b 点与三角形导体框架相连(见图 7-12).已知直导线中的电流为 I,三角形框的每一边长为 l,求正三角形中心点 O 处的磁感强度 B.

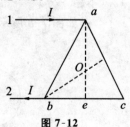

图 7-12

18.(本题 5 分)

磁感强度为 B 的均匀磁场只存在于 $x>0$ 的空间中，在 $x=0$ 的平面上有理想边界，且 B 垂直纸面向内，如图 7-13 所示。一电子质量为 m、电荷为 $-e$，它在纸面内以与 $x=0$ 的界面成 $60°$ 角的速度 v 进入磁场。求电子在磁场中的出射点与入射点间的距离。

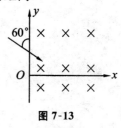

图 7-13

19.(本题 12 分)

如图 7-14 所示，两根相互绝缘的无限长直导线 1 和 2 绞接于 O 点，两导线间的夹角为 θ，它们通有相同的电流 I。试求任意位置处单位长度的导线所受磁力对 O 点的力矩。

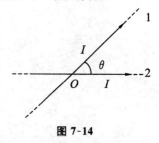

图 7-14

20.(本题 5 分)

将通有电流 $I=5.0$ A 的无限长导线折成如图 7-15 所示的形状，已知半圆环的半径为 $R=0.10$ m。求圆心 O 点的磁感强度。($\mu_0=4\pi\times10^{-7}$ H·m^{-1})

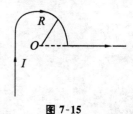

图 7-15

21.（本题 8 分）
　　一铁环中心线周长 $l=30$ cm，横截面 $S=1.0$ cm^2，环上紧密地绕有 $N=300$ 匝线圈．当导线中电流 $I=32$ mA 时，通过环截面的磁通量 $\Phi=2.0\times10^{-5}$ Wb．试求铁芯的磁化率 χ_m．

四、问答题（共 10 分）

22.（本题 5 分）
　　为什么不能把磁场作用于运动电荷的力的方向，定义为磁感强度的方向？

23.（本题 5 分）
　　将一长直细螺线管弯成环形螺线管，问管内磁场有何变化？

第八次作业　电磁感应

班级：_____　姓名：_____　学号：_____

日期：_____年____月____日　成绩：_____

一、选择题(共 15 分)

1.(本题 3 分)

两根无限长平行直导线载有大小相等方向相反的电流 I，并各以 dI/dt 的变化率增长，一矩形线圈位于导线平面内(见图 8-1)，则(　　)

A. 线圈中无感应电流.

B. 线圈中感应电流为顺时针方向.

C. 线圈中感应电流为逆时针方向.

D. 线圈中感应电流方向不确定.

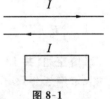

图 8-1

2.(本题 3 分)

如图 8-2 所示，M、N 为水平面内两根平行金属导轨，ab 与 cd 为垂直于导轨并可在其上自由滑动的两根直裸导线. 外磁场垂直水平面向上. 当外力使 ab 向右平移时，cd(　　)

A. 不动.

B. 转动.

C. 向左移动.

D. 向右移动.

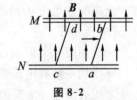

图 8-2

3.(本题 3 分)

在一自感线圈中通过的电流 I 随时间 t 的变化规律如图 8-3(a)所示，若以 I 的正流向作为 ε 的正方向，则代表线圈内自感电动势 ε 随时间 t 变化规律的曲线应为图 8-3(b)中 A、B、C、D 中的哪一个？(　　)

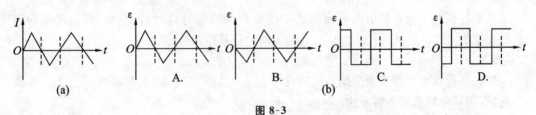

图 8-3

4.(本题 3 分)

真空中两根很长的相距为 $2a$ 的平行直导线与电源组成闭合回路，如图 8-4 所示. 已知导线中的电流为 I，则在两导线正中间某点 P 处的磁能密度为(　　)

A. $\dfrac{1}{\mu_0}\left(\dfrac{\mu_0 I}{2\pi a}\right)^2$.

B. $\frac{1}{2\mu_0}\left(\frac{\mu_0 I}{2\pi a}\right)^2$.

C. $\frac{1}{2\mu_0}\left(\frac{\mu_0 I}{\pi a}\right)^2$.

D. 0.

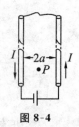

图 8-4

5.(本题 3 分)

如图 8-5 所示,平板电容器(忽略边缘效应)充电时,沿环路 L_1 的磁场强度 H 的环流与沿环路 L_2 的磁场强度 H 的环流,两者必有:( )

A. $\oint_{L_1} \boldsymbol{H} \cdot \mathrm{d}\boldsymbol{l}' > \oint_{L_2} \boldsymbol{H} \cdot \mathrm{d}\boldsymbol{l}'$.

B. $\oint_{L_1} \boldsymbol{H} \cdot \mathrm{d}\boldsymbol{l}' = \oint_{L_2} \boldsymbol{H} \cdot \mathrm{d}\boldsymbol{l}'$.

C. $\oint_{L_1} \boldsymbol{H} \cdot \mathrm{d}\boldsymbol{l}' < \oint_{L_2} \boldsymbol{H} \cdot \mathrm{d}\boldsymbol{l}'$.

D. $\oint_{L_1} \boldsymbol{H} \cdot \mathrm{d}\boldsymbol{l}' = 0$.

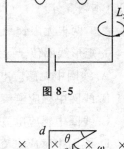

图 8-5

二、填空题(共 13 分)

6.(本题 3 分)

如图 8-6 所示,一导线构成一正方形线圈然后对折,并使其平面垂直置于均匀磁场 B 中.当线圈的一半不动,另一半以角速度 ω 张开时(线圈边长为 $2l$),线圈中感应电动势的大小 $\varepsilon=$ _____.(设此时的张角为 θ,见图 8-6.)

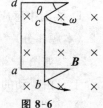

图 8-6

7.(本题 4 分)

如图 8-7 所示,在与纸面相平行的平面内有一载有电流 I 的无限长直导线和一接有电压表的矩形线框.线框与长直导线相平行的边的长度为 l,电压表两端 a、b 间的距离和 l 相比可以忽略不计.今使线框在与导线共同所在的平面内以速度 v 沿垂直于载流导线的方向离开导线,当运动到线框与载流导线相平行的两个边距导线分别为 r_1 和 r_2($r_2>r_1$)时,电压表的读数 $V=$ _____,电压表的正极端为 _____.

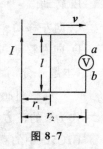

图 8-7

8.(本题 3 分)

一平行板空气电容器的两极板都是半径为 R 的圆形导体片,在充电时,板间电场强度的变化率为 $\mathrm{d}E/\mathrm{d}t$.若略去边缘效应,则两板间的位移电流为 _____.

9.(本题 3 分)

加在平行板电容器极板上的电压变化率为 1.0×10^6 V/s,在电容器内产生 1.0 A 的位移电流,则该电容器的电容量为 _____ μF.

三、计算题(共 22 分)

10.(本题 5 分)

均匀磁场 B 被限制在半径 $R=10$ cm 的无限长圆柱空间内,方向垂直纸面向里.取一固定的等腰梯形回路 $abcd$,梯形所在平面的法向与圆柱空间的轴平行,位置如图 8-8 所示.设磁感强度以 $\mathrm{d}B/\mathrm{d}t=1$ T/s 的匀速率增加,已知 $\theta=\frac{1}{3}\pi$,$\overline{Oa}=\overline{Ob}=6$ cm,求等腰梯形回路中感生电动势的大小和方向.

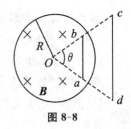

图 8-8

11.(本题 5 分)

一螺绕环单位长度上的线圈匝数为 $n=10$ 匝/cm,环心材料的磁导率 $\mu=\mu_0$. 求在电流强度 I 为多大时,线圈中磁场的能量密度 $w=1$ J/m³?($\mu_0=4\pi\times10^{-7}$ T·m/A)

12.(本题 12 分)

一球形电容器,内导体半径为 R_1,外导体半径为 R_2,两球间充有相对介电常数为 ε_r 的介质. 在电容器上加电压,内球对外球的电压为 $U=U_0\sin\omega t$. 假设 ω 不太大,以致电容器电场分布与静态场情形近似相同,求介质中各处的位移电流密度,再计算通过半径为 $r(R_1<r<R_2)$ 的球面的总位移电流.

四、理论推导与证明题(共5分)

13.(本题5分)

如图8-9所示,有一根弯曲的导线 AC,在均匀磁场中沿水平方向以速度 v 切割磁力线.试证明:导线中 AC 两端之间的动生电动势等于 $\overline{CD}vB$.其中 $\overline{CD}$ 是导线两个端点的连线 $\overline{CA}$ 在 MN 直线上投影,MN 直线与 v 和 B 均垂直.

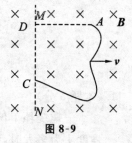

图8-9

五、问答题(共5分)

14.(本题5分)

简述方程 $\oint_L \boldsymbol{H} \cdot d\boldsymbol{l} = \sum I + \iint_S \dfrac{\partial}{\partial t}\boldsymbol{D} \cdot d\boldsymbol{S}$ 中各项的意义,并简述这个方程揭示了什么规律.

第九次作业　课外阅读任务

请同学们在下列推荐的书目中选择一种(也可自己借阅其他书籍),阅读全书或者其中感兴趣的部分,写成读书笔记,要求有自己的观点,字数在 500 到 1 000 字. 在学期期末以纸质或者电子文件形式交给任课教师,作为平时成绩的依据之一.

1. 普通物理(见表 9-1)

表 9-1　普通物理书目表

作　者	书　名	出　版　社
费曼	物理学讲义(1,2,3)	上海科学技术出版社
陈秉乾译	伯克利物理教程	科学出版社
牛顿	自然哲学的数学原理	重庆出版社
牛顿	光学原理	北京大学出版社
惠更斯	光论	北京大学出版社
郭奕玲	物理学史	清华大学出版社
冯端	溯源探幽:熵的世界	科学出版社
费曼	物理定律本性	湖南科学技术出版社
斯莫林	物理学困惑	湖南科学技术出版社
许良英等编	爱因斯坦文集	商务印书馆

2. 理论物理(见表 9-2)

表 9-2　理论物理书目表

作　者	书　名	出　版　社
李卫	理论物理导论	北京理工大学出版社
李政道	统计力学	上海科学技术出版社
薛定谔	薛定谔讲演录	北京大学出版社
阿米尔·爱克塞尔	纠缠态　物理世界第一谜	上海科学技术文献出版社
杨本洛	量子力学形式逻辑与物理基础探析(上、中、下)	上海交通大学出版社
俞建平译	薛定谔的猫	百家出版社
于渌	边缘奇迹:相变和临界现象	科学出版社
元旭金译	时间与热动力学	上海科学技术文献出版社

3. 相对论与宇宙(见表9-3)

表9-3 相对论与宇宙书目表

作　者	书　名	出　版　社
费曼	费曼讲物理(相对论)	湖南科学技术出版社
马青平	相对论逻辑自洽性探疑	上海科学技术文献出版社
—	改变世界的方程	上海科技教育出版社
爱因斯坦	狭义与广义相对论浅说	北京大学出版社
爱因斯坦	相对论	重庆出版社
爱因斯坦	相对论	北京大学出版社
胡大年	爱因斯坦在中国	上海世纪出版集团
霍金	时空的大尺度结构	湖南科学技术出版社
格林	宇宙的弦	湖南科学技术出版社
罗伯特·劳克林	不同的宇宙	湖南科学技术出版社
孙洪涛译	抓住引力	中国青年出版社
向守平译	引力与时空	科学出版社
格里宾	大爆炸探秘:量子物理与宇宙学	上海科技教育出版社
雷泉译	粒子与宇宙	上海科学技术文献出版社
史蒂芬·霍金	时间简史	湖南科学技术出版社
杜欣欣	无中生有(霍金与时间简史)	湖南科学技术出版社

4. 混沌理论(见表9-4)

表9-4 混沌理论书目表

作　者	书　名	出　版　社
陈关荣	动力系统的混沌化	上海交通大学出版社
海因茨·奥托·佩特根	混沌与分形(2版)	国防工业出版社
胡凯译	混沌及其秩序	百家出版社

5. 生命科学(见表9-5)

表9-5 生命科学书目表

作　者	书　名	出　版　社
—	生命谜踪	科学普及出版社
王利琳	生命科学研究进展	浙江大学出版社
贺福初译	系统生物学理论,方法和应用	复旦大学出版社

模拟试卷一

班级：_____ 姓名：_____ 学号：_____

日期：_____年_____月_____日 成绩：_____

一、选择题（共 36 分）

1.（本题 3 分）

某质点做直线运动的运动学方程为 $x=3t-5t^3+6$ （SI），则该质点做（　　）
A. 匀加速直线运动，加速度沿 x 轴正方向.　　B. 匀加速直线运动，加速度沿 x 轴负方向.
C. 变加速直线运动，加速度沿 x 轴正方向.　　D. 变加速直线运动，加速度沿 x 轴负方向.

2.（本题 3 分）

某人骑自行车以速率 v 向西行驶，今有风以相同速率从北偏东 30°方向吹来，试问人感到风从哪个方向吹来？（　　）
A. 北偏东 30°.　　B. 南偏东 30°.　　C. 北偏西 30°.　　D. 西偏南 30°.

3.（本题 3 分）

如图模 1-1 所示，质量为 m 的物体用细绳水平拉住，静止在倾角为 θ 的固定的光滑斜面上，则斜面给物体的支持力为（　　）
A. $mg\cos\theta$.
B. $mg\sin\theta$.
C. $\dfrac{mg}{\cos\theta}$.
D. $\dfrac{mg}{\sin\theta}$.

图模 1-1

4.（本题 3 分）

将一重物匀速地推上一个斜坡，因其动能不变，所以（　　）
A. 推力不做功.　　B. 推力功与摩擦力的功等值反号.
C. 推力功与重力功等值反号.　　D. 此重物所受的外力的功之和为零.

5.（本题 3 分）

站在电梯内的一个人，看到用细线连接的、质量不同的两个物体跨过电梯内的一个无摩擦的定滑轮而处于"平衡"状态。由此，他断定电梯做加速运动，其加速度为（　　）
A. 大小为 g，方向向上.　　B. 大小为 g，方向向下.
C. 大小为 $\dfrac{1}{2}g$，方向向上.　　D. 大小为 $\dfrac{1}{2}g$，方向向下.

6.（本题 3 分）

在由两个物体组成的系统不受外力作用而发生非弹性碰撞的过程中，系统的（　　）
A. 动能和动量都守恒.　　B. 动能和动量都不守恒.
C. 动能不守恒，动量守恒.　　D. 动能守恒，动量不守恒.

7.（本题 3 分）

关于高斯定理，下列说法中哪一个是正确的？（　　）
A. 高斯面内不包围自由电荷，则面上各点电位移矢量 D 为零.

B. 高斯面上处处 D 为零,则面内必不存在自由电荷.
C. 高斯面的 D 通量仅与面内自由电荷有关.
D. 以上说法都不正确.

8.（本题 3 分）

如图模 1-2 所示为载流铁芯螺线管,其中哪个图画得正确(即电源的正负极、铁芯的磁性、磁力线方向相互不矛盾)?（　　）

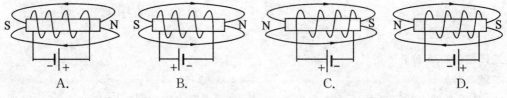

图模 1-2

9.（本题 3 分）

在无限长的载流直导线附近放置一矩形闭合线圈,开始时线圈与导线在同一平面内,且线圈中两条边与导线平行,当线圈以相同的速率做如图模 1-3 所示的三种不同方向的平动时,线圈中的感应电流（　　）

A. 以情况Ⅰ中为最大.
B. 以情况Ⅱ中为最大.
C. 以情况Ⅲ中为最大.
D. 在情况Ⅰ和Ⅱ中相同.

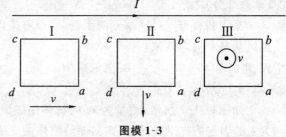

图模 1-3

10.（本题 3 分）

一圆铜盘水平放置在均匀磁场中,如图模 1-4 所示,B 的方向垂直盘面向上. 当铜盘绕通过中心垂直于盘面的轴沿图示方向转动时,（　　）

A. 铜盘上有感应电流产生,沿着铜盘转动的相反方向流动.
B. 铜盘上有感应电流产生,沿着铜盘转动的方向流动.
C. 铜盘上产生涡流.
D. 铜盘上有感应电动势产生,铜盘边缘处电势最高.
E. 铜盘上有感应电动势产生,铜盘中心处电势最高.

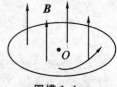

图模 1-4

11.（本题 3 分）

在一个塑料圆筒上紧密地绕有两个完全相同的线圈 aa' 和 bb',当线圈 aa' 和 bb' 如图模 1-5(a)绕制时其互感系数为 M_1,如图模 1-5(b)绕制时其互感系数为 M_2,M_1 与 M_2 的关系是（　　）

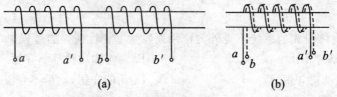

图模 1-5

A. $M_1=M_2\neq 0$.　　B. $M_1=M_2=0$.　　C. $M_1\neq M_2,M_2=0$.　　D. $M_1\neq M_2,M_2\neq 0$.

12.(本题 3 分)

用线圈的自感系数 L 来表示载流线圈磁场能量的公式 $W_m=\frac{1}{2}LI^2$（　　）

A. 只适用于无限长密绕螺线管.

B. 只适用于单匝圆线圈.

C. 只适用于一个匝数很多，且密绕的螺绕环.

D. 适用于自感系数 L 一定的任意线圈.

二、填空题（共 24 分）

13.(本题 3 分)

如图模 1-6 所示，流水以初速度 v_1 进入弯管，流出时的速度为 v_2，且 $v_1=v_2=v$. 设每秒流入的水质量为 q，则在管子转弯处，水对管壁的平均冲力大小是 _____，方向是 _____.（管内水受到的重力不考虑.）

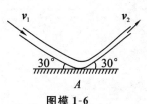

图模 1-6

14.(本题 3 分)

质量为 m 的质点以速度 v 沿一直线运动，则它对该直线上任一点的角动量为 _____.

15.(本题 3 分)

已知两质点的质量分别为 m_1 和 m_2. 当它们之间的距离由 a 缩短到 b 时，它们之间的万有引力所做的功为 _____.

16.(本题 5 分)

两块"无限大"的均匀带电平行平板，其电荷面密度分别为 $\sigma(\sigma>0)$ 及 -2σ，如图模 1-7 所示. 试写出各区域的电场强度 E.

Ⅰ区 E 的大小 _____，方向 _____.

Ⅱ区 E 的大小 _____，方向 _____.

Ⅲ区 E 的大小 _____，方向 _____.

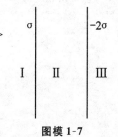

图模 1-7

17.(本题 4 分)

如图模 1-8 所示，一半径为 R，通有电流为 I 的圆形回路，位于 Oxy 平面内，圆心为 O. 一带正电荷为 q 的粒子，以速度 v 沿 z 轴向上运动，当带正电荷的粒子恰好通过 O 点时，作用于圆形回路上的力为 _____，作用在带电粒子上的力为 _____.

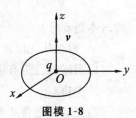

图模 1-8

18.(本题 3 分)

在磁感强度 $B=0.02$ T 的匀强磁场中，有一半径为 10 cm 的圆线圈，线圈磁矩与磁感线同向平行，回路中通有 $I=1$ A 的电流. 若圆线圈绕某个直径旋转 180°，使其磁矩与磁感线反向平行，且线圈转动过程中电流 I 保持不变，则外力所做的功 $A=$ _____.

19.(本题 3 分)

平行板电容器的电容 C 为 20.0 μF，两板上的电压变化率为 $dU/dt=1.50\times10^5$ V·s^{-1}，则该平行板电容器中的位移电流为 _____.

三、计算题（共 30 分）

20.(本题 10 分)

物体 A 和 B 叠放在水平桌面上，由跨过定滑轮的轻质细绳相互连接，如图模 1-9 所示. 今用大小为 F 的水平力拉 A. 设 A、B 和滑轮的质量都为 m，滑轮的半径为 R，对轴的转

动惯量 $J=\frac{1}{2}mR^2$. A 与 B 之间、A 与桌面之间、滑轮与其轴之间的摩擦都可以忽略不计，绳与滑轮之间无相对的滑动且绳不可伸长．已知 $F=10$ N，$m=8.0$ kg，$R=0.050$ m．求：

(1)滑轮的角加速度；
(2)物体 A 与滑轮之间的绳中的张力；
(3)物体 B 与滑轮之间的绳中的张力．

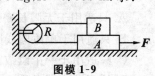

图模 1-9

21.(本题 5 分)

若电荷以相同的面密度 σ 均匀分布在半径分别为 $r_1=10$ cm 和 $r_2=20$ cm 的两个同心球面上，设无穷远处电势为零，已知球心电势为 300 V，试求两球面的电荷面密度 σ 的值．($\varepsilon_0=8.85\times10^{-12}$ C^2/N·m^2)

22.(本题 5 分)

假想从无限远处陆续移来微量电荷使一半径为 R 的导体球带电．

(1)当球上已带有电荷 q 时，再将一个电荷元 dq 从无限远处移到球上的过程中，外力做多少功？
(2)使球上电荷从零开始增加到 Q 的过程中，外力共做多少功？

23.(本题 10 分)

AA' 和 CC' 为两个正交地放置的圆形线圈，其圆心相重合． AA' 线圈的半径为 20.0

cm,共10匝,通有电流10.0 A;而CC'线圈的半径为10.0 cm,共20匝,通有电流5.0 A.求两线圈公共中心O点的磁感强度的大小和方向.($\mu_0 = 4\pi \times 10^{-7}$ N·A^{-2})

四、错误改正题(共5分)

24.(本题5分)

将一平行板电容器充电后切断电源,用相对介电常量为ε_r的各向同性均匀电介质充满其内.下列有关说法是否正确?如有错误请改正.

(1)极板上的电荷保持不变.

(2)介质中的场强是原来的$1/\varepsilon_r$倍.

(3)介质中的电场能量是原来的$1/\varepsilon_r^2$倍.

五、问答题(共5分)

25.(本题5分)

静电场力做功有何特点,这表明静电场是什么力场?

参考答案

第一次作业 质点运动学

一、选择题

1. B； 2. D； 3. C； 4. A； 5. D.

二、填空题

6. 0.1 m/s^2； 7. $-g/2, 2\sqrt{3}v^2/(3g)$.

三、计算题

8. $v^2 = v_0^2 + k(y_0^2 - y^2)$； 9. $a_t = 10 \text{ m/s}^2, a_n = 83.3 \text{ m/s}^2$；

10. 在船上观察烟缕的飘向即为风对船的速度方向为南偏西30°； 11. $\theta = \tan^{-1}(a/g)$.

四、理论推导与证明题

12. 略； 13. 略.

第二次作业 牛顿力学

一、选择题

1. C； 2. D； 3. C； 4. B； 5. D； 6. B.

二、填空题

7. $\dfrac{F - m_2 g}{m_1 + m_2}$, $\dfrac{m_2}{m_1 + m_2}(F + m_1 g)$； 8. $\sqrt{g/R}$.

三、计算题

9. $\mu = \tan\theta$，即 $\theta = \arctan\mu$ 时，Y 有极大值，F 有极小值，最省力； 10. $S = 221 \text{ m}$；

11. $r_{max} = 37.2 \text{ mm}, r_{min} = 12.4 \text{ mm}$；

12. (1) $T = (mv^2/R) - mg\cos\theta, a_t = g\sin\theta$，(2) $a_t = g\sin\theta$，它的数值随角度的增加按正弦函数变化.

四、理论推导与证明题

13. 略.

第三次作业 功与能

一、选择题

1. C； 2. C； 3. C； 4. D； 5. C； 6. B.

二、填空题

7. $GMm\dfrac{r_2 - r_1}{r_1 r_2}$, $GMm\dfrac{r_1 - r_2}{r_1 r_2}$； 8. $18 \text{ J}, 6 \text{ m/s}$.

三、计算题

9. $A = 729 \text{ J}$；

10. (1) $W = 31 \text{ J}$，(2) $v = 5.34 \text{ m/s}$，(3) 此力是保守力，因为其功的值仅与弹簧的始末状态有关；

11. 略； 12. $W = 0.14 \text{ J}$.

四、理论推导与证明题

13. 略； 14. 略.

第四次作业 冲量与动量

一、选择题
1. C; 2. A; 3. D; 4. C; 5. B; 6. C.

二、填空题
7. 1 m/s, 0.5 m/s; 8. 6.14 cm/s, 35.5°.

三、计算题

9. $F = \dfrac{\Delta m}{\Delta t}(3i+4j)$,与 x 轴的夹角为 53°,方向斜向上; 10. $F = 2.21$ N, $\theta = 29°$;

11. $v = 28.8$ m/s; 12. $V = \dfrac{mv\cos\theta - M\sqrt{2gl\sin\theta}}{m+M}$.

四、理论推导与证明题
13. 略.

第五次作业 刚体运动

一、选择题
1. C; 2. A; 3. C; 4. B; 5. C; 6. C.

二、填空题
7. $v = 15.2$ m/s, $n_2 = 500$ rev/min; 8. $mgl/2, 2g/(3l)$.

三、计算题

9. $l = \dfrac{v_A - v_B}{2\omega}$; 10. (1) $v = \sqrt{2ah} = 2$ m/s, (2) $T_2 = m(g-a) = 58$ N, $T_1 = \dfrac{1}{2}M_1 a = 48$ N;

11. 周期减少为原来的 1/4;

12. (1) $\omega_2 = 0.628$ rad/s, (2) 小物体离开棒端的瞬间,棒的角速度仍为 ω. 因为小物体离开棒的瞬间内并未对棒有冲力矩作用.

13. $t = (J\ln 2)/k$; 14. $\beta = \dfrac{2g}{19r}$; 15. (1) $\omega = \dfrac{mv_0}{\left(\dfrac{1}{2}M+m\right)R}$, (2) $\Delta t = \dfrac{mv_0 R}{M_f} = \dfrac{3mv_0}{2\mu Mg}$.

第六次作业 静电场

一、选择题
1. C; 2. D; 3. C; 4. D; 5. D; 6. B; 7. C; 8. D; 9. B.

二、填空题

10. $ES\cos\left(\dfrac{\pi}{2}-\theta\right)$; 11. $\dfrac{U_0}{2} + \dfrac{Qd}{4\varepsilon_0 s}$; 12. <; 13. $-q$,球壳外的整个空间; 14. 5 400 V, 3 600 V;

15. $\varepsilon_r, 1, \varepsilon_r$; 16. $\dfrac{q}{4\pi\varepsilon_0 R}$.

三、计算题

17. $\Phi = \dfrac{q}{2\varepsilon_0}\left(1 - \dfrac{h}{\sqrt{R^2+h^2}}\right)$; 18. (1) 8.85×10^{-9} C/m², (2) 6.67×10^{-9} C;

19. (1) 2.54×10^6 V/m, (2) 1.70×10^4 V/m; 20. $E_k = qES$; 21. $W = W_0/\varepsilon_r$.

四、理论推导与证明题
22. 略.

五、错误改正题

23．略．

第七次作业 恒定磁场

一、选择题

1．D； 2．B； 3．D； 4．D； 5．B； 6．A； 7．B； 8．C．

二、填空题

9．0； 10．$\dfrac{\mu_0 \omega_0 q}{2\pi}$； 11．$\dfrac{\sqrt{2Em}}{qB}$； 12．$\left|\dfrac{mv}{qB}\right|$，$\pi\left(\dfrac{mv}{qB}\right)^2 - S$； 13．$1.0\times 10^{-2}$，$\pi/2$；

14．$\pi R^3 \lambda B\omega$，在图面中向上； 15．$y=\sqrt{3}x/3$； 16．0．

三、计算题

17．$B=\dfrac{3\mu_0 I}{4\pi l}(\sqrt{3}-1)$； 18．$l=\dfrac{\sqrt{3}mv}{eB}$； 19．略； 20．$B=2.1\times 10^{-5}$ T； 21．$\chi_m = 496$．

四、问答题

22．略； 23．略．

第八次作业 电磁感应

一、选择题

1．B； 2．D； 3．D； 4．C； 5．C．

二、填空题

6．$2l^2 B\omega\sin\theta$； 7．$\dfrac{\mu_0 Ivl}{2\pi}\left(\dfrac{1}{r_1}-\dfrac{1}{r_2}\right)$，$a$端； 8．$\varepsilon_0 \pi R^2\, dE/dt$； 9．1．

三、计算题

10．3.68 mV，方向为沿 $adcb$ 绕向； 11．$I=1.26$ A； 12．$j=\dfrac{\varepsilon_0 \varepsilon_r R_1 R_2 U_0 \omega\cos\omega t}{(R_2-R_1)r^2}$，$I=\dfrac{4\pi\varepsilon_0 \varepsilon_r R_1 R_2}{R_2-R_1}U_0 \omega\cos\omega t$．

四、理论推导与证明题

13．略．

五、问答题

14．略．

模拟试卷一

一、选择题

1．D； 2．C； 3．C； 4．D； 5．B； 6．C； 7．C； 8．C； 9．B； 10．D； 11．D； 12．D．

二、填空题

13．qv，竖直向下； 14．零； 15．$-Gm_1 m_2\left(\dfrac{1}{a}-\dfrac{1}{b}\right)$； 16．$\dfrac{\sigma}{2\varepsilon_0}$，向右，$\dfrac{3\sigma}{2\varepsilon_0}$，向右，$\dfrac{\sigma}{2\varepsilon_0}$，向左；

17．0，0； 18．1.26×10^{-3} J； 19．3 A．

三、计算题

20．解：各物体受力情况如图模 1-10 所示．

$$\boldsymbol{F}-\boldsymbol{T}=m\boldsymbol{a}$$

$$T' = ma$$
$$(T - T')R = \frac{1}{2}mR^2\beta$$
$$a = R\beta$$

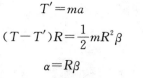

图模 1-10

由上述方程组解得

(1) $\beta = 2F/(5mR) = 10 \text{ rad} \cdot \text{s}^{-2}$;

(2) $T = 3F/5 = 6.0$ N;

(3) $T' = 2F/5 = 4.0$ N.

21. 解:球心处总电势应为两个球面电荷分别在球心处产生的电势的叠加,即

$$U = \frac{1}{4\pi\varepsilon_0}\left(\frac{q_1}{r_1} + \frac{q_2}{r_2}\right) = \frac{1}{4\pi\varepsilon_0}\left(\frac{4\pi r_1^2 \sigma}{r_1} + \frac{4\pi r_2^2 \sigma}{r_2}\right) = \frac{\sigma}{\varepsilon_0}(r_1 + r_2)$$

故得

$$\sigma = \frac{\varepsilon_0 U}{r_1 + r_2} = 8.85 \times 10^{-9} \text{ C/m}^2$$

22. 解:(1)令无限远处电势为零,则带电荷为 q 的导体球,其电势为

$$U = \frac{q}{4\pi\varepsilon_0 R}$$

在将 dq 从无限远处搬到球面上的过程中,外力做的功等于该电荷元在球面上所具有的电势能

$$\text{d}A = \text{d}W = \frac{q}{4\pi\varepsilon_0 R}\text{d}q$$

(2) 在带电球体的电荷从零增加到 Q 的过程中,外力做功为

$$A = \int \text{d}A = \int_0^Q \frac{q\text{d}q}{4\pi\varepsilon_0 R} = \frac{Q^2}{8\pi\varepsilon_0 R}$$

23. 解:AA' 线圈在 O 点产生的磁感强度

$$B_A = \frac{\mu_0 N_A I_A}{2r_A} = 250\mu_0 \text{ (方向垂直 } AA' \text{ 平面)}$$

CC' 线圈在 O 点产生的磁感强度

$$B_C = \frac{\mu_0 N_C I_C}{2r_C} = 500\mu_0 \text{ (方向垂直 } CC' \text{ 平面)}$$

O 点的合磁感强度

$$B = (B_A^2 + B_C^2)^{\frac{1}{2}} = 7.02 \times 10^{-4} \text{ T}$$

B 的方向在和 AA'、CC' 都垂直的平面内,和 CC' 平面的夹角

$$\theta = \tan^{-1}\frac{B_C}{B_A} = 63.4°$$

四、错误改正题

24. 答:(1)正确. (2)正确. (3)不正确. 电场能量是原来的 $1/\varepsilon_r$ 倍.

五、问答题

25. 答:电荷在静电场移动的过程中,静电场力做的功只与电荷的大小及路径的起点与终点位置有关,与路径无关. 这说明静电场力是保守力,静电场是保守场.

高等教育理工类精品课程规划教辅

大学物理练习册(第二版)

(二)

主　编　陈义万
副主编　闵　锐　胡　妮

批阅老师_____　　班级_____
学生姓名_____　　学号_____

华中科技大学出版社
中国·武汉

内容提要

本练习册为一套两册,根据现行的大学物理教学大纲的基本要求编写,题型有选择题、填空题、计算题、理论推导与证明题、错误改正题和问答题,每次练习的题量大体相当于目前大学物理考试题量的一半,适合所有理工科专业的大学物理课程使用.

图书在版编目(CIP)数据

大学物理练习册/陈义万主编.—2版.—武汉:华中科技大学出版社,2019.1
ISBN 978-7-5680-3289-6

Ⅰ.①大… Ⅱ.①陈… Ⅲ.①物理学-高等学校-习题集 Ⅳ.①O4-44

中国版本图书馆 CIP 数据核字(2017)第 198037 号

大学物理练习册(第二版)(二)   陈义万 主编
Daxue Wuli Lianxice(Di'erban)(Er)

策划编辑:彭中军
责任编辑:史永霞
封面设计:孢 子
责任监印:朱 玢
出版发行:华中科技大学出版社(中国•武汉)   电话:(027)81321913
　　　　　武汉市东湖新技术开发区华工科技园   邮编:430223
录　　排:华中科技大学惠友文印中心
印　　刷:武汉市籍缘印刷厂
开　　本:787mm×1092mm 1/16
印　　张:5.5
字　　数:138 千字
版　　次:2019 年 1 月第 2 版第 1 次印刷
定　　价:13.00 元(含 2 册)

本书若有印装质量问题,请向出版社营销中心调换
全国免费服务热线:400-6679-118 竭诚为您服务
版权所有　侵权必究

序　言

大学物理练习在该门课程的学习中具有重要的作用．我们经常听到这样的说法：大学物理并不难学，但题目难做．为了解决这个问题，我们在多年的教学实践中提出了练习模式的概念：物理题目可以分为基本的题型即模式，复杂的题目实际上是由基本模式组合变换而来的．学生如果对大学物理每个部分的内容所涉及的题目的基本模式都熟悉了，那么，对比较复杂的题目的解题能力自然会提高．按照这样的思路，我们组织力量收集编写了这个练习册，每次作业题，大部分是基本模式练习，也有部分综合练习．由于编排合理、使用方便，该练习册在内部使用时效果良好．为了提高学生的素质、培养学生阅读经典物理书籍的习惯、学习著名科学家的思考方式，我们在练习册的最后一次作业中，向学生推荐了著名的物理书籍．学生们在阅读之后，可以以纸质或者电子文件的形式向老师提交读书心得，作为平时考核的依据之一．我们希望通过这次尝试，使广大学生不要仅仅认为学习大学物理就是学做几道题，还要认识到有更广大的物理空间．

本练习册主编为陈义万，副主编为闵锐、胡妮，参加编写的还有徐国旺、陈之宜、黄楚云、李文兵、成纯富、龚娇丽、张金业、朱进容、裴玲、邓罡、罗志刚、欧艺文、李嘉、王健雄、饶识、罗山梦黛等老师．

编者

2018 年 12 月

目 录

第十次作业　气体动理论 …………………………………………………………… (1)
第十一次作业　热力学基础 ………………………………………………………… (4)
第十二次作业　机械振动 …………………………………………………………… (7)
第十三次作业　机械波 ……………………………………………………………… (10)
第十四次作业　波动光学 …………………………………………………………… (14)
第十五次作业　狭义相对论 ………………………………………………………… (19)
第十六次作业　量子力学基础 ……………………………………………………… (22)
第十七次作业　课外阅读任务 ……………………………………………………… (25)
模拟试卷二 …………………………………………………………………………… (27)
参考答案 ……………………………………………………………………………… (32)

第十次作业 气体动理论

班级：_____ 姓名：_____ 学号：_____

日期：_____年_____月_____日 成绩：_____

一、选择题(共 15 分)

1.(本题 3 分)

如图 10-1 所示,两个大小不同的容器用均匀的细管相连,管中有一水银滴做活塞,大容器装有氧气,小容器装有氢气.当温度相同时,水银滴静止于细管中央,则此时这两种气体中(　　)

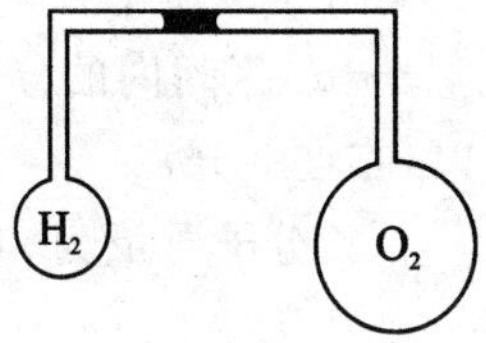

A. 氧气的密度较大.　　　　　　B. 氢气的密度较大.

C. 密度一样大.　　　　　　　　D. 哪种的密度较大是无法判断的.

图 10-1

2.(本题 3 分)

一定量的理想气体贮于某一容器中,温度为 T,气体分子的质量为 m.根据理想气体的分子模型和统计假设,分子速度在 x 方向的分量平方的平均值(　　)

A. $\overline{v_x^2} = \sqrt{\dfrac{3kT}{m}}$.　　B. $\overline{v_x^2} = \dfrac{1}{3}\sqrt{\dfrac{3kT}{m}}$.　　C. $\overline{v_x^2} = 3kT/m$.　　D. $\overline{v_x^2} = kT/m$.

3.(本题 3 分)

在容积 $V = 4 \times 10^{-3}$ m³ 的容器中,装有压强 $P = 5 \times 10^2$ Pa 的理想气体,则容器中气体分子的平动动能总和为(　　)

A. 2 J.　　　　　B. 3 J.　　　　　C. 5 J.　　　　　D. 9 J.

4.(本题 3 分)

温度为 T 时,在方均根速率 $(\overline{v^2})^{1/2} \pm 50$ m/s 的速率区间内,氢、氮两种气体分子数占总分子数的百分率相比较,则有(附:麦克斯韦速率分布定律:

$$\frac{\Delta N}{N} = \frac{4}{\sqrt{\pi}}\left(\frac{m}{2kT}\right)^{3/2} \exp\left(-\frac{mv^2}{2kT}\right) \cdot v^2 \cdot \Delta v,$$

符号 $\exp(a)$,即 e^a.)(　　)

A. $(\Delta N/N)_{H_2} > (\Delta N/N)_{N_2}$.

B. $(\Delta N/N)_{H_2} = (\Delta N/N)_{N_2}$.

C. $(\Delta N/N)_{H_2} < (\Delta N/N)_{N_2}$.

D. 温度较低时,$(\Delta N/N)_{H_2} > (\Delta N/N)_{N_2}$;温度较高时,$(\Delta N/N)_{H_2} < (\Delta N/N)_{N_2}$.

5.(本题 3 分)

一定量的理想气体,在温度不变的条件下,当体积增大时,分子的平均碰撞频率 Z 和平均自由程 λ 的变化情况是:(　　)

A. Z 减小而 λ 不变.　　　　　　　B. Z 减小而 λ 增大.

C. Z 增大而 λ 减小.　　　　　　　D. Z 不变而 λ 增大.

二、填空题(共15分)

6.(本题3分)

体积和压强都相同的氦气和氢气(均视为刚性分子理想气体),在某一温度 T 下混合,所有氢分子所具有的热运动动能在系统总热运动动能中所占的百分比为_____.

7.(本题3分)

若某容器内温度为 300 K 的二氧化碳气体(视为刚性分子理想气体)的内能为 $3.74×10^3$ J,则该容器内气体分子总数为_____.

(玻尔兹曼常量 $k=1.38×10^{-23}$ J·K^{-1},阿伏伽德罗常量 $N_A=6.022×10^{23}$ mol^{-1})

8.(本题3分)

处于重力场中的某种气体,在高度 z 处单位体积内的分子数即分子数密度为 n.若 $f(v)$ 是分子的速率分布函数,则坐标介于 $x\sim x+dx$,$y\sim y+dy$,$z\sim z+dz$ 区间内,速率介于 $v\sim v+dv$ 区间内的分子数 $dN=$_____.

9.(本题3分)

分子质量为 m、温度为 T 的气体,其分子数密度按高度 h 分布的规律是_____.(已知 $h=0$ 时,分子数密度为 n_0.)

10.(本题3分)

图 10-2 所示的两条 $f(v)\sim v$ 曲线分别表示氢气和氧气在同一温度下的麦克斯韦速率分布曲线,由此可得氢气分子的最概然速率为_____,氧气分子的最概然速率为_____.

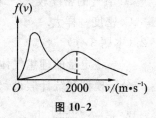

图 10-2

三、计算题(共20分)

11.(本题5分)

已知某理想气体分子的方均根速率为 400 m·s^{-1}.当其压强为 1 atm 时,求气体的密度.

12.(本题10分)

一密封房间的体积为 $5×3×3$ m^3,室温为 20 ℃,室内空气分子热运动的平均平动动能的总和是多少?如果气体的温度升高 1.0 K,而体积不变,则气体的内能变化多少?气体分子的方均根速率增加多少?已知空气的密度 $\rho=1.29$ kg/m^3,摩尔质量 $M_{mol}=29×10^{-3}$ kg/mol,且空气分子可认为是刚性双原子分子.(普适气体常量 $R=8.31$ J·mol^{-1}·K^{-1})

13.(本题5分)

今测得温度 $t_1=15$ ℃、压强 $p_1=0.76$ m 汞柱高时,氩分子和氖分子的平均自由程分别为 $\lambda_{Ar}=6.7\times10^{-8}$ m 和 $\lambda_{Ne}=13.2\times10^{-8}$ m,求:

(1)氖分子和氩分子有效直径之比 d_{Ne}/d_{Ar} 为多少?

(2)温度 $t_2=20$ ℃、压强 $p_2=0.15$ m 汞柱高时,氩分子的平均自由程 λ_{Ar} 为多少?

四、理论推导与证明题(共5分)

14.(本题5分)

假定大气层各处温度相同且均为 T,空气的摩尔质量为 M_{mol}。试根据玻尔兹曼分布律

$$n=n_0 e^{-(E_P/kT)}$$

证明大气压强 p 与高度 h(从海平面算起,海平面处的大气压强为 p_0)的关系是

$$h=\frac{RT}{M_{mol}g}\ln\left(\frac{p_0}{p}\right).$$

五、错误改正题(共5分)

15.(本题5分)

下列说法如有错误请改正:

(1) $f(v)$ 为麦克斯韦速率分布函数,式 $\int_{v_1}^{v_2}f(v)dv$ 表示速率在 v_1 到 v_2 之间的分子数;

(2)最概然速率 v_p 就是分子速率的最大值.

第十一次作业 热力学基础

班级：_____ 姓名：_____ 学号：_____
日期：_____年_____月_____日 成绩：_____

一、选择题（共 15 分）

1.（本题 3 分）

  一物质系统从外界吸收一定的热量,则( )
 A. 系统的温度一定升高.   B. 系统的温度一定降低.
 C. 系统的温度一定保持不变.   D. 系统的温度可能升高,也可能降低或保持不变.

2.（本题 3 分）

  某理想气体分别进行了如图 11-1 所示的两个卡诺循环：Ⅰ($abcda$)和 Ⅱ($a'b'c'd'a'$),且两个循环曲线所围面积相等.设循环Ⅰ的效率为 η,每次循环在高温热源处吸收的热量为 Q,循环Ⅱ的效率为 η',每次循环在高温热源处吸收的热量为 Q',则( )

 A. $\eta < \eta'$, $Q < Q'$.
 B. $\eta < \eta'$, $Q > Q'$.
 C. $\eta > \eta'$, $Q < Q'$.
 D. $\eta > \eta'$, $Q > Q'$.

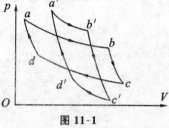

图 11-1

3.（本题 3 分）

  一定量的理想气体,分别进行如图 11-2 所示的两个卡诺循环 $abcda$ 和 $a'b'c'd'a'$.若在 pV 图上这两个循环曲线所围面积相等,则可以由此得出这两个循环( )

 A. 效率相等.
 B. 在高温热源处吸收的热量相等.
 C. 在低温热源处放出的热量相等.
 D. 在每次循环中对外做的净功相等.

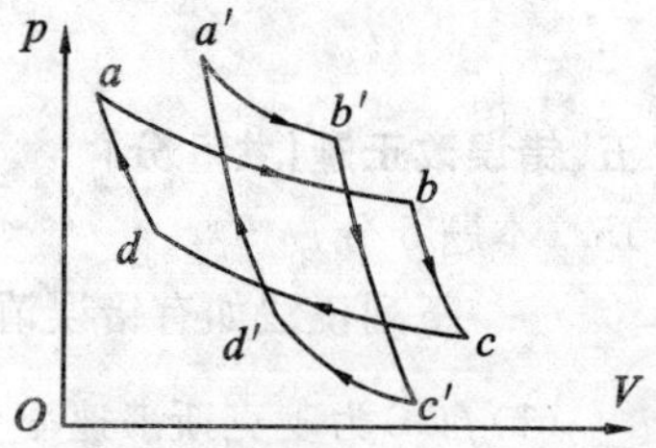

图 11-2

4.（本题 3 分）

  理想气体绝热地向真空自由膨胀,体积增大为原来的两倍,则始、末两态的温度 T_1 与 T_2 和始、末两态气体分子的平均自由程 λ_1 与 λ_2 的关系为( )

 A. $T_1 = T_2$, $\lambda_1 = \lambda_2$.   B. $T_1 = T_2$, $\lambda_1 = \frac{1}{2}\lambda_2$.
 C. $T_1 = 2T_2$, $\lambda_1 = \lambda_2$.   D. $T_1 = 2T_2$, $\lambda_1 = \frac{1}{2}\lambda_2$.

5.（本题 3 分）

  气缸中有一定量的氦气(视为理想气体),将其绝热压缩,体积变为原来的一半,则气体分子的平均速率变为原来的( )

A. $2^{4/5}$ 倍. B. $2^{2/3}$ 倍. C. $2^{2/5}$ 倍. D. $2^{1/3}$ 倍.

二、填空题(共 15 分)

6.(本题 3 分)

如图 11-3 所示,已知图中画不同斜线的两部分的面积分别为 S_1 和 S_2,那么
(1)如果气体的膨胀过程为 $a-1-b$,则气体对外做功 $W=$ _____;
(2)如果气体进行 $a-2-b-1-a$ 的循环过程,则它对外做功 $W=$ _____.

7.(本题 3 分)

有 1 mol 刚性双原子分子理想气体,在等压膨胀过程中对外做功 W,则其温度变化 ΔT = _____,从外界吸取的热量 Q_p = _____.

8.(本题 5 分)

如图 11-4 所示,绝热过程 AB、CD,等温过程 DEA 和任意过程 BEC,组成一循环过程. 若图中 ECD 所包围的面积为 70 J,EAB 所包围的面积为 30 J,DEA 过程中系统放热 100 J,则
(1)整个循环过程($ABCDEA$)系统对外做功为 _____;
(2)BEC 过程中系统从外界吸热为 _____.

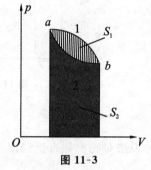

图 11-3

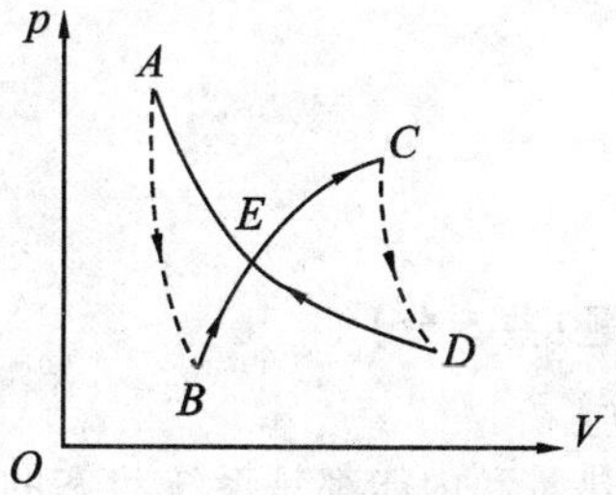

图 11-4

9.(本题 4 分)

所谓第二类永动机是指 _____,
它不可能制成是因为它违背了 _____.

三、计算题(共 15 分)

10.(本题 10 分)

1 mol 单原子分子的理想气体,经历如图 11-5 所示的可逆循环,联结 ac 两点的曲线 III 的方程为 $p=p_0V^2/V_0^2$,a 点的温度为 T_0.

(1)试以 T_0、普适气体常量 R 表示 I、II、III 过程中气体吸收的热量;
(2)求此循环的效率.
(提示:循环效率的定义式 $\eta=1-Q_2/Q_1$,Q_1 为循环中气体吸收的热量,Q_2 为循环中气体放出的热量.)

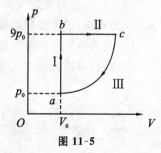

图 11-5

11.(本题5分)

　　气缸内盛有单原子分子的理想气体,若绝热压缩使其体积减半,问气体分子的方均根速率变为原来的几倍?

四、理论推导与证明题(共5分)

12.(本题5分)

　　某理想气体由状态Ⅰ(p_1,V_1,T_1)绝热膨胀至状态Ⅱ(p_2,V_2,T_2),再由状态Ⅱ等体升压至状态Ⅲ(p_3,V_3,T_3),如图11-6所示.已知系统由Ⅱ至Ⅲ所吸收的热量恰好等于过程Ⅰ至Ⅱ所做的功,试证明:系统在状态Ⅲ的温度T_3与状态Ⅰ的温度T_1相等.

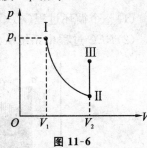

图 11-6

五、错误改正题(共5分)

13.(本题5分)

　　"功、热量和内能都是系统状态的单值函数",这种说法对吗?如有错误请改正.

六、问答题(共5分)

14.(本题5分)

　　一定量的理想气体,从pV图上同一初态A开始,分别经历三种不同的过程过渡到不同的末态,但末态的温度相同,如图11-7所示,其中$A \to C$是绝热过程,问:

(1)在$A \to B$过程中气体是吸热还是放热?为什么?

(2)在$A \to D$过程中气体是吸热还是放热?为什么?

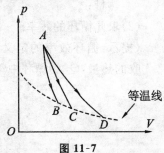

图 11-7

第十二次作业 机械振动

班级：_____ 姓名：_____ 学号：_____
日期：_____年_____月_____日 成绩：_____

一、选择题(共 18 分)

1.(本题 3 分)

一轻弹簧,上端固定,下端挂有质量为 m 的重物,其自由振动的周期为 T.今已知振子离开平衡位置为 x 时,其振动速度为 v,加速度为 a,则下列计算该振子劲度系数的公式中,错误的是(　　)

A. $k = mv_{max}^2 / x_{max}^2$. B. $k = mg/x$. C. $k = 4\pi^2 m/T^2$. D. $k = ma/x$.

2.(本题 3 分)

一劲度系数为 k 的轻弹簧截成三等份,取出其中的两根,将它们并联,下面挂一质量为 m 的物体,如图 12-1 所示,则振动系统的频率为(　　)

A. $\dfrac{1}{2\pi}\sqrt{\dfrac{k}{3m}}$. B. $\dfrac{1}{2\pi}\sqrt{\dfrac{k}{m}}$.

C. $\dfrac{1}{2\pi}\sqrt{\dfrac{3k}{m}}$. D. $\dfrac{1}{2\pi}\sqrt{\dfrac{6k}{m}}$.

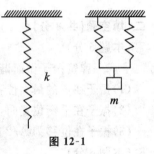

图 12-1

3.(本题 3 分)

如图 12-2 所示,质量为 m 的物体由劲度系数为 k_1 和 k_2 的两个轻弹簧连接在水平光滑导轨上做微小振动,则该系统的振动频率为(　　)

A. $v = 2\pi\sqrt{\dfrac{k_1+k_2}{m}}$. B. $v = \dfrac{1}{2\pi}\sqrt{\dfrac{k_1+k_2}{m}}$.

C. $v = \dfrac{1}{2\pi}\sqrt{\dfrac{k_1+k_2}{mk_1k_2}}$. D. $v = \dfrac{1}{2\pi}\sqrt{\dfrac{k_1 k_2}{m(k_1+k_2)}}$.

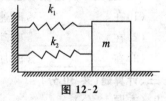

图 12-2

4.(本题 3 分)

一个质点做简谐振动,振幅为 A,在起始时刻质点的位移为 $\dfrac{1}{2}A$,且向 x 轴的正方向运动,代表此简谐振动的旋转矢量图为图 12-3 中的哪一个？(　　)

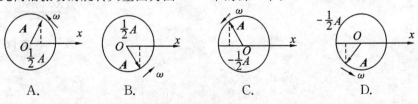

A.　　　B.　　　C.　　　D.

图 12-3

5.(本题3分)

用余弦函数描述一简谐振动.已知振幅为 A,周期为 T,初相 $\phi=-\frac{1}{3}\pi$,则振动曲线为图12-4中的哪一个?(　　)

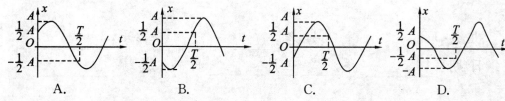

图 12-4

6.(本题3分)

图12-5中所画的是两个简谐振动的振动曲线.若这两个简谐振动可叠加,则合成的余弦振动的初相为(　　)

A. $\frac{3}{2}\pi$.　　　　　　　　　B. π.

C. $\frac{1}{2}\pi$.　　　　　　　　　D. 0.

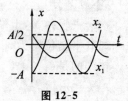

图 12-5

二、填空题(共8分)

7.(本题5分)

一弹簧振子做简谐振动,振幅为 A,周期为 T,其运动方程用余弦函数表示.若 $t=0$ 时,
(1)振子在负的最大位移处,则初相为_____;
(2)振子在平衡位置向正方向运动,则初相为_____;
(3)振子在位移为 $A/2$ 处,且向负方向运动,则初相为_____.

8.(本题3分)

已知一简谐振动曲线如图12-6所示,由该图确定振子:
(1)在_____s时速度为零;
(2)在_____s时动能最大;
(3)在_____s时加速度取正的最大值.

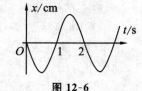

图 12-6

三、计算题(共30分)

9.(本题12分)

如图12-7所示,劲度系数为 k 的弹簧一端固定在墙上,另一端连接一质量为 M 的容器,容器可在光滑水平面上运动.当弹簧未变形时容器位于 O 处,今使容器自 O 点左侧 l_0 处从静止开始运动,每经过 O 点一次时,从上方滴管中滴入一质量为 m 的油滴.求:
(1)容器中滴入 n 滴以后,容器运动到距 O 点的最远距离;
(2)容器滴入第 $(n+1)$ 滴与第 n 滴的时间间隔.

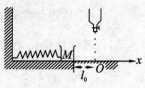

图 12-7

10.（本题 8 分）

一木板在水平面上做简谐振动,振幅是 12 cm,在距平衡位置 6 cm 处速率是 24 cm/s.如果一小物块置于振动木板上,由于静摩擦力的作用,小物块和木板一起运动(振动频率不变),当木板运动到最大位移处时,物块正好开始在木板上滑动,问物块与木板之间的静摩擦系数 μ 为多少?

11.（本题 5 分）

一质点按如下规律沿 x 轴做简谐振动: $x = 0.1\cos\left(8\pi t + \dfrac{2}{3}\pi\right)$ （SI）.求此振动的周期、振幅、初相、速度最大值和加速度最大值.

12.（本题 5 分）

一简谐振动的振动曲线如图 12-8 所示,求振动方程.

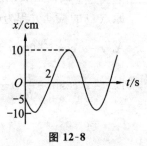

图 12-8

四、理论推导与证明题（共 8 分）

13.（本题 8 分）

在竖直面内半径为 R 的一段光滑圆弧形轨道上,放一小物体,使其静止于轨道的最低处,如图 12-9 所示.然后轻碰一下此物体,使其沿圆弧形轨道来回做小幅度运动.试证:

(1) 此物体做简谐振动;

(2) 此简谐振动的周期 $T = 2\pi\sqrt{R/g}$.

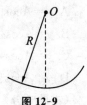

图 12-9

第十三次作业 机械波

班级：_____ 姓名：_____ 学号：_____

日期：_____年_____月_____日 成绩：_____

一、选择题（共 18 分）

1.（本题 3 分）

一平面简谐波，其振幅为 A，频率为 v，波沿 x 轴正方向传播．设 $t=t_0$ 时刻波形如图 13-1 所示，则 $x=0$ 处质点的振动方程为（　　）

A. $y=A\cos\left[2\pi v(t+t_0)+\dfrac{1}{2}\pi\right]$.

B. $y=A\cos\left[2\pi v(t-t_0)+\dfrac{1}{2}\pi\right]$.

C. $y=A\cos\left[2\pi v(t-t_0)-\dfrac{1}{2}\pi\right]$.

D. $y=A\cos\left[2\pi v(t-t_0)+\pi\right]$.

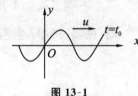

图 13-1

2.（本题 3 分）

一平面简谐波以速度 u 沿 x 轴正方向传播，在 $t=t'$ 时波形曲线如图 13-2 所示，则坐标原点 O 的振动方程为（　　）

A. $y=a\cos\left[\dfrac{u}{b}(t-t')+\dfrac{\pi}{2}\right]$.

B. $y=a\cos\left[2\pi\dfrac{u}{b}(t-t')-\dfrac{\pi}{2}\right]$.

C. $y=a\cos\left[\pi\dfrac{u}{b}(t+t')+\dfrac{\pi}{2}\right]$.

D. $y=a\cos\left[\pi\dfrac{u}{b}(t-t')-\dfrac{\pi}{2}\right]$.

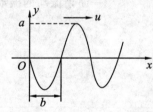

图 13-2

3.（本题 3 分）

如图 13-3 所示，有一平面简谐波沿 x 轴负方向传播，坐标原点 O 的振动规律为 $y=A\cos(\omega t+\phi_0)$，则 B 点的振动方程为（　　）

A. $y=A\cos[\omega t-(x/u)+\phi_0]$.

B. $y=A\cos\omega[t+(x/u)]$.

C. $y=A\cos\{\omega[t-(x/u)]+\phi_0\}$.

D. $y=A\cos\{\omega[t+(x/u)]+\phi_0\}$.

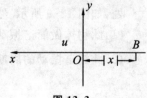

图 13-3

4.（本题 3 分）

在同一媒质中两列相干的平面简谐波的强度之比是 $I_1/I_2=4$，则这两列波的振幅之比是（　　）

A. $A_1/A_2=16$. 　　　　　　　　B. $A_1/A_2=4$.
C. $A_1/A_2=2$. 　　　　　　　　D. $A_1/A_2=1/4$.

5. (本题 3 分)

如图 13-4 所示,S_1 和 S_2 为两相干波源,它们的振动方向均垂直于图面,发出波长为 λ 的简谐波,P 点是两列波相遇区域中的一点,已知 $\overline{S_1P}=2\lambda$,$\overline{S_2P}=2.2\lambda$,两列波在 P 点发生相消干涉. 若 S_1 的振动方程为 $y_1=A\cos\left(2\pi t+\dfrac{1}{2}\pi\right)$,则 S_2 的振动方程为(　　)

A. $y_2=A\cos\left(2\pi t-\dfrac{1}{2}\pi\right)$.

B. $y_2=A\cos(2\pi t-\pi)$.

C. $y_2=A\cos\left(2\pi t+\dfrac{1}{2}\pi\right)$.

D. $y_2=2A\cos(2\pi t-0.1\pi)$.

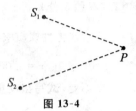

图 13-4

6. (本题 3 分)

设声波在媒质中的传播速度为 u,声源的频率为 v_S. 若声源 S 不动,而接收器 R 相对于媒质以速度 v_R 沿着 S、R 连线向着声源 S 运动,则位于 S、R 连线中点的质点 P 的振动频率为(　　)

A. v_S. 　　　　　　　　B. $\dfrac{u+v_R}{u}v_S$.

C. $\dfrac{u}{u+v_R}v_S$. 　　　　D. $\dfrac{u}{u-v_R}v_S$.

二、填空题(共 17 分)

7. (本题 3 分)

沿弦线传播的一入射波在 $x=L$ 处(B 点)发生反射,反射点为固定端(见图 13-5),设波在传播和反射过程中振幅不变,且反射波的表达式为 $y_2=A\cos\left(\omega t+2\pi\dfrac{x}{\lambda}\right)$,则入射波的表达式是 $y_1=$ _____.

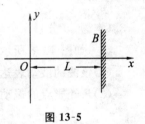

图 13-5

8. (本题 3 分)

如图 13-6 所示,波源 S_1 和 S_2 发出的波在 P 点相遇,P 点距波源 S_1 和 S_2 的距离分别为 3λ 和 $10\lambda/3$,λ 为两列波在介质中的波长,若 P 点的合振幅总是极大值,则两波在 P 点的振动频率_____,波源 S_1 的相位比 S_2 的相位领先_____.

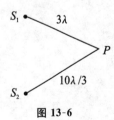

图 13-6

9. (本题 3 分)

一弦上的驻波表达式为 $y=2.0\times10^{-2}\cos15x\cos1500t$ (SI). 形成该驻波的两个反向传播的行波的波速为_____.

10. (本题 3 分)

设入射波的表达式为 $y_1=A\cos 2\pi\left(vt+\dfrac{x}{\lambda}\right)$. 波在 $x=0$ 处发生反射,反射点为固定端,则形成的驻波表达式为_____.

11

11.（本题 5 分）

在真空中有沿着 z 轴负方向传播的平面电磁波，其在 O 点处的电场强度为 $E_x = 300\cos\left(2\pi\upsilon t + \dfrac{1}{3}\pi\right)$ （SI），则 O 点处的磁场强度为 _____．在图 13-7 上表示出电场强度、磁场强度和传播速度之间的相互关系．

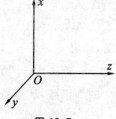

图 13-7

三、计算题（共 25 分）

12.（本题 5 分）

在弹性媒质中有一沿 x 轴正向传播的平面波，其表达式为 $y = 0.01\cos\left(4t - \pi x - \dfrac{1}{2}\pi\right)$ （SI）．若在 $x = 5.00$ m 处有一媒质分界面，且在分界面处反射波相位突变 π，设反射波的强度不变，试写出反射波的表达式．

13.（本题 10 分）

如图 13-8 所示为一平面简谐波在 $t = 0$ 时刻的波形图，求：

（1）该波的波动表达式；

（2）P 处质点的振动方程．

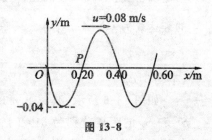

图 13-8

14. (本题 5 分)

如图 13-9 所示，两列波长均为 λ 的相干简谐波分别通过图中的 O_1 和 O_2 点，通过 O_1 点的简谐波在 M_1M_2 平面反射后，与通过 O_2 点的简谐波在 P 点相遇．假定波在 M_1M_2 平面反射时有相位突变 π．O_1 和 O_2 两点的振动方程为 $y_{10}=A\cos(\pi t)$ 和 $y_{20}=A\cos(\pi t)$，且 $O_1m+mP=8\lambda$，$O_2P=3\lambda$（λ 为波长），求：

(1) 两列波分别在 P 点引起的振动方程；

(2) P 点的合振动方程（假定两列波在传播或反射过程中均不衰减）．

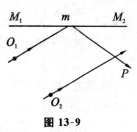

图 13-9

15. (本题 5 分)

一驻波中相邻两波节的距离 $d=5.00$ cm，质元的振动频率 $\nu=1.00\times10^3$ Hz，求形成该驻波的两个相干行波的传播速度 u 和波长 λ．

第十四次作业 波动光学

班级：_____ 姓名：_____ 学号：_____
日期：_____年_____月_____日 成绩：_____

一、选择题（共 27 分）

1.（本题 3 分）

如图 14-1 所示，在双缝干涉实验中，若单色光源 S 到两缝 S_1、S_2 距离相等，则观察屏上中央明条纹位于图中 O 处．现将光源 S 向下移动到示意图中的 S' 位置，则（　　）

A. 中央明条纹向下移动，且条纹间距不变．
B. 中央明条纹向上移动，且条纹间距不变．
C. 中央明条纹向下移动，且条纹间距增大．
D. 中央明条纹向上移动，且条纹间距增大．

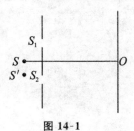

图 14-1

2.（本题 3 分）

在双缝干涉实验中，屏幕 E 上的 P 点处是明条纹．若将缝 S_2 盖住，并在 S_1S_2 连线的垂直平分面处放一高折射率介质反射面 M，如图 14-2 所示，则此时（　　）

A. P 点处仍为明条纹．
B. P 点处为暗条纹．
C. 不能确定 P 点处是明条纹还是暗条纹．
D. 无干涉条纹．

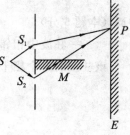

图 14-2

3.（本题 3 分）

如图 14-3(a)所示，一光学平板玻璃 A 与待测工件 B 之间形成空气劈尖，用波长 $\lambda=500$ nm(1 nm$=10^{-9}$ m)的单色光垂直照射．看到的反射光的干涉条纹如图 14-3(b)所示．有些条纹弯曲部分的顶点恰好与其右边条纹的直线部分的连线相切，则工件上表面的缺陷是（　　）

A. 不平处为凸起纹，最大高度为 500 nm．
B. 不平处为凸起纹，最大高度为 250 nm．
C. 不平处为凹槽，最大深度为 500 nm．
D. 不平处为凹槽，最大深度为 250 nm．

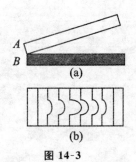

图 14-3

4.（本题 3 分）

如图 14-4 所示，用单色光垂直照射在观察牛顿环的装置上．当平凸透镜垂直向上缓慢平移而远离平面玻璃时，可以观察到这些环状干涉条纹（　　）

A. 向右平移． B. 向中心收缩． C. 向外扩张．

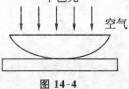

图 14-4

D. 静止不动. E. 向左平移.

5.（本题3分）

在迈克耳孙干涉仪的一支光路中，放入一片折射率为 n 的透明介质薄膜后，测出两束光的光程差的改变量为一个波长 λ，则薄膜的厚度是（ ）

A. $\lambda/2$. B. $\lambda/(2n)$. C. λ/n. D. $\dfrac{\lambda}{2(n-1)}$.

6.（本题3分）

在如图14-5所示的单缝的夫琅禾费衍射实验中，将单缝 K 沿垂直于光的入射方向（沿图中的 x 方向）稍微平移，则（ ）

A. 衍射条纹移动，条纹宽度不变.
B. 衍射条纹移动，条纹宽度变动.
C. 衍射条纹中心不动，条纹变宽.
D. 衍射条纹不动，条纹宽度不变.
E. 衍射条纹中心不动，条纹变窄.

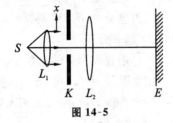

图 14-5

7.（本题3分）

使一光强为 I_0 的平面偏振光先后通过两个偏振片 P_1 和 P_2. P_1 和 P_2 的偏振化方向与原入射光光矢量振动方向的夹角分别是 α 和 $90°$，则通过这两个偏振片后的光强 I 是（ ）

A. $\dfrac{1}{2}I_0\cos^2\alpha$. B. 0. C. $\dfrac{1}{4}I_0\sin^2(2\alpha)$.

D. $\dfrac{1}{4}I_0\sin^2\alpha$. E. $I_0\cos^4\alpha$.

8.（本题3分）

如果两个偏振片堆叠在一起，且偏振化方向之间夹角为 $60°$，光强为 I_0 的自然光垂直入射在偏振片上，则出射光强为（ ）

A. $I_0/8$. B. $I_0/4$. C. $3I_0/8$. D. $3I_0/4$.

9.（本题3分）

一束自然光自空气射向一块平板玻璃，如图14-6所示，设入射角等于布儒斯特角 i_0，则在界面2的反射光（ ）

A. 是自然光.
B. 是线偏振光且光矢量的振动方向垂直于入射面.
C. 是线偏振光且光矢量的振动方向平行于入射面.
D. 是部分偏振光.

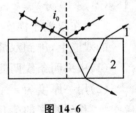

图 14-6

二、填空题（共25分）

10.（本题4分）

如图14-7所示，在双缝干涉实验中，若把一厚度为 e、折射率为 n 的薄云母片覆盖在 S_1 缝上，中央明条纹将向_____移动；覆盖云母片后，两束相干光至原中央明条纹 O 处的光程差为_____.

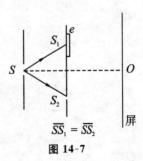

图 14-7

11.（本题3分）

在双缝干涉实验中，所用单色光波长为 $\lambda=562.5$ nm（1 nm＝

10^{-9} m),双缝与观察屏的距离 $D=1.2$ m,若测得屏上相邻明条纹间距为 $\Delta x=1.5$ mm,则双缝的间距 $d=$ _____.

12. (本题3分)

    折射率分别为 n_1 和 n_2 的两块平板玻璃构成空气劈尖,用波长为 λ 的单色光垂直照射.如果将该劈尖装置浸入折射率为 n 的透明液体中,且 $n_2>n>n_1$,则劈尖厚度为 e 的地方两反射光的光程差的改变量是 _____.

13. (本题3分)

    惠更斯引入 _____ 的概念提出了惠更斯原理,菲涅耳再用 _____ 的思想补充了惠更斯原理,发展成了惠更斯-菲涅耳原理.

14. (本题3分)

    用波长为 λ 的单色平行红光垂直照射在光栅常数 $d=2$ μm $(1$ μm$=10^{-6}$m$)$ 的光栅上,用焦距 $f=0.500$ m 的透镜将光聚在屏上,测得第一级谱线与透镜主焦点的距离 $l=0.166$ 7 m.则可知该入射的红光波长 $\lambda=$ _____ nm. $(1$ nm$=10^{-9}$m$)$

15. (本题3分)

    用波长为 λ 的单色平行光垂直入射在一块多缝光栅上,其光栅常数 $d=3$ μm,缝宽 $a=1$ μm,则在单缝衍射的中央明条纹中共有 _____ 条谱线(主极大).

16. (本题3分)

    两个偏振片叠放在一起,强度为 I_0 的自然光垂直入射其上,若通过两个偏振片后的光强为 $I_0/8$,则此两偏振片的偏振化方向间的夹角(取锐角)是 _____ ;若在两片之间再插入一片偏振片,其偏振化方向与前后两片的偏振化方向的夹角(取锐角)相等,则通过三个偏振片后的透射光强度为 _____ .

17. (本题3分)

    在光学各向异性晶体内部有一确定的方向,沿这一方向寻常光和非常光的 _____ 相等,这一方向称为晶体的光轴.只具有一个光轴方向的晶体称为 _____ 晶体.

三、计算题(共33分)

18. (本题10分)

    在双缝干涉实验中,波长 $\lambda=550$ nm 的单色平行光垂直入射到缝间距 $a=2\times 10^{-4}$ m 的双缝上,屏到双缝的距离 $D=2$ m.求:

    (1)中央明条纹两侧的两条第10级明条纹中心的间距;

    (2)用一厚度为 $e=6.6\times 10^{-5}$ m、折射率为 $n=1.58$ 的玻璃片覆盖一缝后,零级明条纹将移到原来的第几级明条纹处?$(1$ nm$=10^{-9}$ m$)$

19.(本题8分)

用波长 $\lambda=500$ nm(1 nm$=10^{-9}$ m)的单色光垂直照射在由两块玻璃板(一端刚好接触成为劈棱)构成的空气劈形膜上. 劈尖角 $\theta=2\times10^{-4}$ rad. 如果劈形膜内充满折射率为 $n=1.40$ 的液体,求从劈棱数起第 5 个明条纹在充入液体前后移动的距离.

20.(本题5分)

在某个单缝衍射实验中,光源发出的光含有两种波长 λ_1 和 λ_2,垂直入射于单缝上. 假如 λ_1 的第一级衍射极小与 λ_2 的第二级衍射极小相重合,试问:
(1)这两种波长之间有何关系?
(2)在这两种波长的光所形成的衍射图样中,是否还有其他极小相重合?

21.(本题10分)

一束光强为 I_0 的自然光垂直入射在三个叠在一起的偏振片 P_1、P_2、P_3 上,已知 P_1 与 P_3 的偏振化方向相互垂直.
(1)求 P_2 与 P_3 的偏振化方向之间的夹角为多大时,穿过第三个偏振片的透射光强为 $I_0/8$;
(2)若以入射光方向为轴转动 P_2,当 P_2 转过多大角度时,穿过第三个偏振片的透射光强由原来的 $I_0/8$ 单调减小到 $I_0/16$?此时 P_2、P_1 的偏振化方向之间的夹角多大?

四、理论推导与证明题(共 5 分)

22.(本题 5 分)

如图 14-8 所示,一束自然光入射在平板玻璃上,已知其上表面的反射光线 1 为完全偏振光.设玻璃板两侧都是空气,试证明其下表面的反射光线 2 也是完全偏振光.

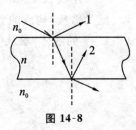

图 14-8

五、问答题(共 10 分)

23.(本题 5 分)

某种单色光垂直入射到一个光栅上,由单色光波长和已知的光栅常数,按光栅公式算得 $k=4$ 的主极大对应的衍射方向为 $90°$,并且知道无缺级现象.问实际上可观察到的主极大明条纹共有几条?

24.(本题 5 分)

如图 14-9 所示,A 是一块有小圆孔 S 的金属挡板,B 是一块方解石,其光轴方向在纸面内,P 是一块偏振片,C 是屏幕.一束平行的自然光穿过小孔 S 后,垂直入射到方解石的端面上.当以入射光线为轴,转动方解石时,在屏幕 C 上能看到什么现象?

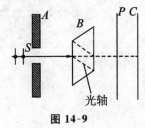

图 14-9

第十五次作业 狭义相对论

班级：_____ 姓名：_____ 学号：_____
日期：_____年_____月_____日 成绩：_____

一、选择题(共 15 分)

1.(本题 3 分)

在狭义相对论中,下列说法中哪些是正确的?(　　)

(1)一切运动物体相对于观察者的速度都不能大于真空中的光速．

(2)质量、长度、时间的测量结果都是随物体与观察者的相对运动状态而改变的．

(3)在一惯性系中发生于同一时刻、不同地点的两个事件在其他一切惯性系中也是同时发生的．

(4)惯性系中的观察者观察一个与他做匀速相对运动的时钟时,会看到这时钟比与他相对静止的相同的时钟走得慢些．

A.(1),(3),(4)． B.(1),(2),(4)．
C.(1),(2),(3)． D.(2),(3),(4)．

2.(本题 3 分)

在某地发生两件事,静止位于该地的甲测得时间间隔为 4 s,若相对于甲做匀速直线运动的乙测得时间间隔为 5 s,则乙相对于甲的运动速度是(c 表示真空中光速)(　　)

A.$(4/5)c$． B.$(3/5)c$． C.$(2/5)c$． D.$(1/5)c$．

3.(本题 3 分)

设某微观粒子的总能量是它的静止能量的 K 倍,则其运动速度的大小为(以 c 表示真空中的光速)(　　)

A.$\dfrac{c}{K-1}$． B.$\dfrac{c}{K}\sqrt{1-K^2}$．

C.$\dfrac{c}{K}\sqrt{K^2-1}$． D.$\dfrac{c}{K+1}\sqrt{K(K+2)}$．

4.(本题 3 分)

某核电站年发电量为 100 亿度,它等于 36×10^{15} J 的能量,如果这是由核材料的全部静止能转化产生的,则需要消耗的核材料的质量为(　　)

A.0.4 kg． B.0.8 kg． C.$(1/12)\times10^7$ kg． D.12×10^7 kg．

5.(本题 3 分)

根据相对论力学,动能为 0.25 MeV 的电子,其运动速度约等于(c 表示真空中的光速,电子的静能 $m_0c^2=0.51$ MeV)(　　)

A.0.1c． B.0.5c． C.0.75c． D.0.85c．

二、填空题(共 3 分)

6. (本题 3 分)

π^+ 介子是不稳定的粒子,在它自己的参照系中测得平均寿命是 2.6×10^{-8} s,如果它相对于实验室以 $0.8\,c$(c 为真空中光速)的速率运动,那么实验室坐标系中测得的 π^+ 介子的寿命是 _____ s.

三、计算题(共 15 分)

7. (本题 5 分)

观察者 A 测得与他相对静止的 Oxy 平面上一个圆的面积是 $12\ \text{cm}^2$,另一观察者 B 相对于 A 以 $0.8\,c$(c 为真空中光速)平行于 Oxy 平面做匀速直线运动,B 测得这一图形为一椭圆,其面积是多少?

8. (本题 5 分)

一体积为 V_0、质量为 m_0 的立方体沿其一棱的方向相对于观察者 A 以速度 v 运动,求:观察者 A 测得其密度是多少?

9.（本题 5 分）

半人马星座 α 星是距离太阳系最近的恒星，它距离地球 $S=4.3\times10^{16}$ m.设有一宇宙飞船自地球飞到半人马星座 α 星，若宇宙飞船相对于地球的速度为 $v=0.999c$，按地球上的时钟计算要用多少年时间？如以飞船上的时钟计算，所需时间又为多少年？

四、理论推导与证明题（共 5 分）

10.（本题 5 分）

静止的 μ 子的平均寿命约为 $\tau_0=2\times10^{-6}$ s.今在 8 km 的高空，由于 π 介子的衰变产生一个速度为 $v=0.998c$（c 为真空中光速）的 μ 子，试论证此 μ 子有无可能到达地面.

第十六次作业 量子力学基础

班级：_____ 姓名：_____ 学号：_____

日期：_____年_____月_____日 成绩：_____

一、选择题(共 15 分)

1.(本题 3 分)

设用频率为 v_1 和 v_2 的两种单色光，先后照射同一种金属均能产生光电效应．已知金属的红限频率为 v_0，测得两次照射时的遏止电压 $|U_{a2}|=2|U_{a1}|$，则这两种单色光的频率有如下关系：(　　)

A. $v_2 = v_1 - v_0$.　　B. $v_2 = v_1 + v_0$.　　C. $v_2 = 2v_1 - v_0$.　　D. $v_2 = 2v_1 - 2v_0$.

2.(本题 3 分)

静止质量不为零的微观粒子做高速运动，这时粒子物质波的波长 λ 与速度 v 有如下关系：(　　)

A. $\lambda \propto v$.　　B. $\lambda \propto 1/v$.　　C. $\lambda \propto \sqrt{\dfrac{1}{v^2} - \dfrac{1}{c^2}}$.　　D. $\lambda \propto \sqrt{c^2 - v^2}$.

3.(本题 3 分)

如图 16-1 所示，一束动量为 p 的电子，通过缝宽为 a 的狭缝．在距离狭缝为 R 处放置一荧光屏，则屏上衍射图样中央最大的宽度 d 等于(　　)

A. $2a^2/R$.　　　　　　　　　B. $2ha/p$.
C. $2ha/(Rp)$.　　　　　　　D. $2Rh/(ap)$.

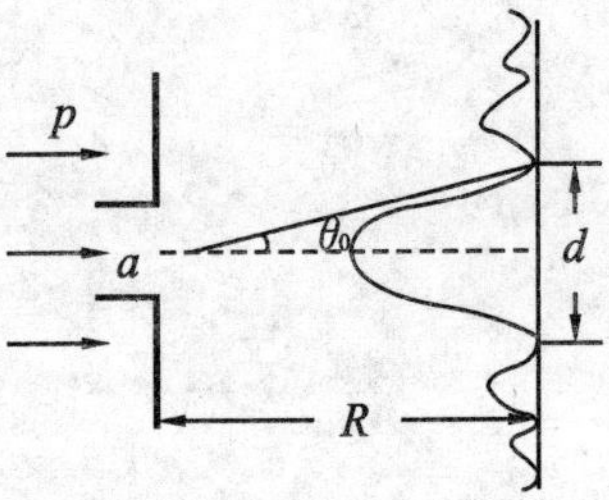

图 16-1

4.(本题 3 分)

已知粒子在一维矩形无限深势阱中运动，其波函数为

$$\psi(x) = \frac{1}{\sqrt{a}} \cdot \cos \frac{3\pi x}{2a}, \quad -a \leqslant x \leqslant a$$

那么粒子在 $x = 5a/6$ 处出现的概率密度为(　　)

A. $1/(2a)$.　　B. $1/a$.　　C. $1/\sqrt{2a}$.　　D. $1/\sqrt{a}$.

5.(本题 3 分)

在原子的 K 壳层中，电子可能具有的四个量子数 (n, l, m_l, m_s) 是

(1) $\left(1, 1, 0, \dfrac{1}{2}\right)$,　　　　　　　(2) $\left(1, 0, 0, \dfrac{1}{2}\right)$,

(3) $\left(2, 1, 0, -\dfrac{1}{2}\right)$,　　　　　　(4) $\left(1, 0, 0, -\dfrac{1}{2}\right)$,

以上四种取值中，哪些是正确的？(　　)

A. 只有(1)、(3)是正确的.　　　　　　B. 只有(2)、(4)是正确的.
C. 只有(2)、(3)、(4)是正确的.　　　D. 全部是正确的.

二、填空题（共 15 分）

6.（本题 3 分）

在康普顿散射中，若入射光子与散射光子的波长分别为 λ 和 λ'，则反冲电子获得的功能 $E_K = $ _____.

7.（本题 3 分）

在氢原子光谱的巴耳末系中，波长最长的谱线和波长最短的谱线的波长比值是 _____.

8.（本题 5 分）

波尔的氢原子理论的三个基本假设是：

(1) _____ ；

(2) _____ ；

(3) _____ .

9.（本题 4 分）

根据量子论，氢原子中核外电子的状态可由四个量子数来确定，其中主量子数 n 可取的值为 _____，它可决定 _____.

三、计算题（共 20 分）

10.（本题 5 分）

已知 X 射线光子的能量为 0.60 MeV，若在康普顿散射中散射光子的波长为入射光子的 1.2 倍，试求反冲电子的动能。

11.（本题 10 分）

α 粒子在磁感应强度为 $B = 0.025$ T 的均匀磁场中沿半径为 $R = 0.83$ cm 的圆形轨道运动.

(1) 试计算其德布罗意波长；

(2) 若使质量 $m = 0.1$ g 的小球以与 α 粒子相同的速率运动，则其波长为多少？

（α 粒子的质量 $m_\alpha = 6.64 \times 10^{-27}$ kg，普朗克常量 $h = 6.63 \times 10^{-34}$ J·s，基本电荷 $e = 1.60 \times 10^{-19}$ C）

12. (本题 5 分)

光子的波长为 $\lambda = 3\,000$ Å,如果确定此波长的精确度 $\Delta\lambda/\lambda = 10^{-6}$,试求此光子位置的不确定量.

四、理论推导与证明题(共 5 分)

13. (本题 5 分)

试用玻尔理论推导氢原子在稳定态中的轨道半径.

五、问答题(共 5 分)

14. (本题 5 分)

根据泡利不相容原理,在主量子数 $n=2$ 的电子壳层上最多可能有多少个电子?试写出每个电子所具有的四个量子数 n, l, m_l, m_s 之值.

第十七次作业　课外阅读任务

请同学们在下列推荐的书目中选择一种(也可自己借阅其他书籍),阅读全书或者其中感兴趣的部分,写成读书笔记,要求有自己的观点,字数在 500 到 1 000 字.在学期期末以纸质或者电子文件形式交给任课教师,作为平时成绩的依据之一.

1. 普通物理(见表 17-1)

表 17-1　普通物理书目表

作　者	书　　名	出　版　社
费曼	物理学讲义(1,2,3)	上海科学技术出版社
陈秉乾译	伯克利物理教程	科学出版社
牛顿	自然哲学的数学原理	重庆出版社
牛顿	光学原理	北京大学出版社
惠更斯	光论	北京大学出版社
郭奕玲	物理学史	清华大学出版社
冯端	溯源探幽:熵的世界/"物理改变世界"丛书	科学出版社
费曼	物理定律本性	湖南科学技术出版社
斯莫林	物理学困惑	湖南科学技术出版社
许良英等编	爱因斯坦文集	商务印书馆

2. 理论物理(见表 17-2)

表 17-2　理论物理书目表

作　者	书　　名	出　版　社
李卫	理论物理导论	北京理工大学出版社
李政道	统计力学	上海科学技术出版社
薛定谔	薛定谔讲演录	北京大学出版社
阿米尔·爱克塞尔	纠缠态　物理世界第一谜	上海科学技术文献出版社
杨本洛	量子力学形式逻辑与物理基础探析(上、中、下)	上海交通大学出版社
俞建平译	薛定谔的猫	百家出版社
于渌	边缘奇迹:相变和临界现象	科学出版社
元旭金译	时间与热动力学	上海科学技术文献出版社

3. 相对论与宇宙(见表 17-3)

表 17-3　相对论与宇宙书目表

作　者	书　　名	出　版　社
费曼	费曼讲物理(相对论)	湖南科学技术出版社
马青平	相对论逻辑自洽性探疑	上海科学技术文献出版社
—	改变世界的方程	上海科技教育出版社
爱因斯坦	狭义与广义相对论浅说	北京大学出版社
爱因斯坦	相对论	重庆出版社
爱因斯坦	相对论	北京大学出版社
胡大年	爱因斯坦在中国	上海世纪出版集团
霍金	时空的大尺度结构	湖南科学技术出版社
格林	宇宙的弦	湖南科学技术出版社
罗伯特·劳克林	不同的宇宙	湖南科学技术出版社
孙洪涛译	抓住引力	中国青年出版社
向守平译	引力与时空	科学出版社
格里宾	大爆炸探秘:量子物理与宇宙学	上海科技教育出版社
雷泉译	粒子与宇宙	上海科学技术文献出版社
史蒂芬·霍金	时间简史	湖南科学技术出版社
杜欣欣	无中生有(霍金与时间简史)	湖南科学技术出版社

4. 混沌理论(见表 17-4)

表 17-4　混沌理论书目表

作　者	书　　名	出　版　社
陈关荣	动力系统的混沌化	上海交通大学出版社
海因茨·奥托·佩特根	混沌与分形(2 版)	国防工业出版社
胡凯译	混沌及其秩序	百家出版社

5. 生命科学(见表 17-5)

表 17-5　生命科学书目表

作　者	书　　名	出　版　社
—	生命谜踪	科学普及出版社
王利琳	生命科学研究进展	浙江大学出版社
贺福初译	系统生物学理论,方法和应用	复旦大学出版社

模拟试卷二

班级：_____ 姓名：_____ 学号：_____

日期：_____ 年 _____ 月 _____ 日 成绩：_____

一、选择题(共33分)

1. (本题3分)

   一质点做简谐振动,振动方程为 $x=A\cos(\omega t+\phi)$,当时间 $t=T/2$(T 为周期)时,质点的速度为(　　)

   A. $-A\omega\sin\phi$.   B. $A\omega\sin\phi$.   C. $-A\omega\cos\phi$.   D. $A\omega\cos\phi$.

2. (本题3分)

   一个质点做简谐振动,振幅为 A,在起始时刻质点的位移为 $\frac{1}{2}A$,且向 x 轴的正方向运动,代表此简谐振动的旋转矢量图为图模2-1中哪一个?(　　)

   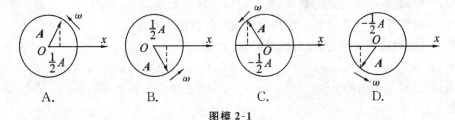

   图模2-1

3. (本题3分)

   下列函数 $f(x,t)$ 可表示弹性介质中的一维波动,式中 A、a 和 b 是正的常量.其中哪个函数表示沿 x 轴负方向传播的行波?(　　)

   A. $f(x,t)=A\cos(ax+bt)$.   B. $f(x,t)=A\cos(ax-bt)$.
   C. $f(x,t)=A\cos ax\cdot\cos bt$.   D. $f(x,t)=A\sin ax\cdot\sin bt$.

4. (本题3分)

   电磁波在自由空间传播时,电场强度 E 和磁场强度 H(　　)

   A. 在垂直于传播方向的同一条直线上.   B. 朝互相垂直的两个方向传播.

   C. 互相垂直,且都垂直于传播方向.   D. 有相位差 $\frac{1}{2}\pi$.

5. (本题3分)

   如图模2-2所示, S_1、S_2 是两个相干光源,它们到 P 点的距离分别为 r_1 和 r_2. 路径 S_1P 垂直穿过一块厚度为 t_1、折射率为 n_1 的介质板,路径 S_2P 垂直穿过厚度为 t_2、折射率为 n_2 的另一介质板,其余部分可看做真空,这两条路径的光程差等于(　　)

   A. $(r_2+n_2t_2)-(r_1+n_1t_1)$.

   B. $[r_2+(n_2-1)t_2]-[r_1+(n_1-1)t_1]$.

   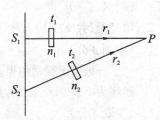

   图模2-2

C. $(r_2 - n_2 t_2) - (r_1 - n_1 t_1)$.
D. $n_2 t_2 - n_1 t_1$.

6. (本题 3 分)

在双缝干涉实验中,为使屏上的干涉条纹间距变大,可以采取的办法是( )
A. 使屏靠近双缝.　　　　　　　　B. 使两缝的间距变小.
C. 把两个缝的宽度稍微调窄.　　　　D. 改用波长较小的单色光源.

7. (本题 3 分)

一束波长为 λ 的单色光由空气垂直入射到折射率为 n 的透明薄膜上,透明薄膜放在空气中,要使反射光得到干涉加强,则薄膜最小的厚度为( )
A. $\lambda/4$.　　B. $\lambda/(4n)$.　　C. $\lambda/2$.　　D. $\lambda/(2n)$.

8. (本题 3 分)

如果单缝夫琅禾费衍射的第一级暗纹发生在衍射角为 $\varphi = 30°$ 的方位上,所用单色光波长为 $\lambda = 500$ nm,则单缝宽度为( )
A. 2.5×10^{-5} m.　　B. 1.0×10^{-5} m.　　C. 1.0×10^{-6} m.　　D. 2.5×10^{-7} m.

9. (本题 3 分)

有下列几种说法:
(1) 所有惯性系对物理基本规律都是等价的;
(2) 在真空中,光的速度与光的频率、光源的运动状态无关;
(3) 在任何惯性系中,光在真空中沿任何方向的传播速率都相同.
若问其中哪些说法是正确的,则答案是( )
A. 只有(1)、(2)是正确的.　　　　B. 只有(1)、(3)是正确的.
C. 只有(2)、(3)是正确的.　　　　D. 三种说法都是正确的.

10. (本题 3 分)

有一直尺固定在 K' 系中,它与 Ox' 轴的夹角 $\theta' = 45°$,如果 K' 系匀速沿 Ox 方向相对于 K 系运动,K 系中观察者测得该尺与 Ox 轴的夹角( )
A. 大于 $45°$.
B. 小于 $45°$.
C. 等于 $45°$.
D. 当 K' 系沿 Ox 正方向运动时大于 $45°$,而当 K' 系沿 Ox 负方向运动时小于 $45°$.

11. (本题 3 分)

设粒子运动的波函数图线分别如图模 2-3 A、B、C、D 所示,那么其中确定粒子动量的精确度最高的波函数是哪个图?( )

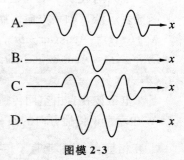

图模 2-3

二、填空题(共 27 分)

12. (本题 3 分)

一做简谐振动的振动系统,振子质量为 2 kg,系统振动频率为 1 000 Hz,振幅为 0.5 cm,则其振动能量为_____.

13. (本题 3 分)

两个同方向的简谐振动曲线如图模 2-4 所示. 合振动

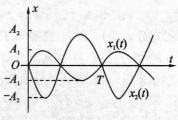

图模 2-4

的振幅为_____,合振动的振动方程为_____.

14. (本题3分)

在同一媒质中两列频率相同的平面简谐波的强度之比 $I_1/I_2=16$,则这两列波的振幅之比是 $A_1/A_2=$ _____.

15. (本题3分)

一驻波表达式为 $y=A\cos 2\pi x\cos 100\pi t$. 位于 $x_1=3/8$ m 的质元 P_1 与位于 $x_2=5/8$ m 处的质元 P_2 的振动相位差为_____.

16. (本题3分)

已知在迈克耳孙干涉仪中使用波长为 λ 的单色光. 在将干涉仪的可动反射镜移动距离 d 的过程中, 干涉条纹将移动_____条.

17. (本题5分)

一束光垂直入射在偏振片 P 上, 以入射光线为轴转动 P, 观察通过 P 的光强的变化过程. 若入射光是_____光, 则将看到光强不变; 若入射光是_____, 则将看到明暗交替变化, 有时出现全暗; 若入射光是_____, 则将看到明暗交替变化, 但不出现全暗.

18. (本题3分)

当一束自然光以布儒斯特角入射到两种媒质的分界面上时, 就偏振状态来说, 反射光为_____光, 其振动方向_____于入射面.

19. (本题4分)

一束线偏振的平行光, 在真空中波长为 589 nm(1 nm=10^{-9} m), 垂直入射到方解石晶体上, 晶体的光轴和表面平行, 如图模2-5所示. 已知方解石晶体对此单色光的折射率为 $n_o=1.658,n_e=1.486$. 此晶体中的寻常光的波长 $\lambda_o=$ _____, 非寻常光的波长 $\lambda_e=$ _____.

图模2-5

三、计算题(共30分)

20. (本题5分)

一横波方程为 $y=A\cos\dfrac{2\pi}{\lambda}(ut-x)$, 式中 $A=0.01$ m, $\lambda=0.2$ m, $u=25$ m/s, 求 $t=0.1$ s 时在 $x=2$ m 处质点振动的位移、速度、加速度.

21. (本题 10 分)

(1) 在单缝夫琅禾费衍射实验中,垂直入射的光有两种波长,$\lambda_1 = 400$ nm,$\lambda_2 = 760$ nm (1 nm$=10^{-9}$ m).已知单缝宽度 $a = 1.0 \times 10^{-2}$ cm,透镜焦距 $f = 50$ cm.求两种光第一级衍射明纹中心之间的距离.

(2) 若用光栅常数 $d = 1.0 \times 10^{-3}$ cm 的光栅替换单缝,其他条件和上一问相同,求两种光第一主极大之间的距离.

22. (本题 5 分)

已知 μ 子的静止能量为 105.7 MeV,平均寿命为 2.2×10^{-8} s.试求动能为 150 MeV 的 μ 子的速度 v 是多少? 平均寿命 τ 是多少?

23. (本题 10 分)

α 粒子在磁感应强度为 $B = 0.025$ T 的均匀磁场中沿半径为 $R = 0.83$ cm 的圆形轨道运动.

(1) 试计算其德布罗意波长;

(2) 若使质量 $m = 0.1$ g 的小球以与 α 粒子相同的速率运动,则其波长为多少?

(α 粒子的质量 $m_\alpha = 6.64 \times 10^{-27}$ kg,普朗克常量 $h = 6.63 \times 10^{-34}$ J·s,基本电荷 $e = 1.60 \times 10^{-19}$ C)

四、问答题(共 10 分)

24.(本题 5 分)

设 P 点距两波源 S_1 和 S_2 的距离相等,若 P 点的振幅保持为零,则由 S_1 和 S_2 分别发出的两列简谐波在 P 点引起的两个简谐振动应满足什么条件?

25.(本题 5 分)

已知从铝金属逸出一个电子至少需要 $A=4.2$ eV 的能量,若用可见光投射到铝的表面,能否产生光电效应?为什么?

(普朗克常量 $h=6.63\times 10^{-34}$ J·s,基本电荷 $e=1.60\times 10^{-19}$ C)

参考答案

第十次作业　气体动理论

一、选择题

1. A； 2. D； 3. B； 4. C； 5. B.

二、填空题

6. 62.5%； 7. 3.01×10^{23}个； 8. $nf(v)\mathrm{d}x\mathrm{d}y\mathrm{d}z\mathrm{d}v$； 9. $n=n_0\mathrm{e}^{-\frac{mgh}{kT}}$；

10. $2\,000\mathrm{m\cdot s^{-1}}$, $500\mathrm{m\cdot s^{-1}}$.

三、计算题

11. $1.9\,\mathrm{kg/m^3}$； 12. 略； 13. (1) 0.71, (2) $3.5\times10^{-7}\,\mathrm{m}$.

四、理论推导与证明题

14. 略.

五、错误改正题

15. 略.

第十一次作业　热力学基础

一、选择题

1. D； 2. B； 3. D； 4. B； 5. D.

二、填空题

6. S_1+S_2, $-S_1$； 7. $\dfrac{W}{R}$, $\dfrac{7}{2}W$； 8. 40 J， 140 J；

9. 从单一热源吸热，在循环中不断对外做功的热机，热力学第二定律.

三、计算题

10. (1) $Q_V=12RT_0$， $Q_p=45RT_0$， $Q=-47.7RT_0$； (2) $\eta=16.3\%$.　　11. 1.26.

四、理论推导与证明题

12. 略.

五、错误改正题

13. 略.

六、问答题

14. 略.

第十二次作业　机械振动

一、选择题

1. B； 2. D； 3. B； 4. B； 5. A； 6. B.

二、填空题

7. π, $-\dfrac{\pi}{2}$, $\dfrac{\pi}{3}$；

8. $0.5(2n+1)$　$n=0,1,2,3,\cdots$,
　　n　　　　$n=0,1,2,3,\cdots$,

$0.5(4n+1)$ $n=0,1,2,\cdots$.

三、计算题

9. (1) $x=\sqrt{M/(M+nm)}\,l_0$, (2) $\Delta t_n=\pi\sqrt{(M+nm)/k}$;   10. $\mu=0.065\,3$;

11. $T=0.25, A=0.1, \phi=2\pi/3, v_{\max}=2.5, a_{\max}=63$;

12. $X=0.1\cos(5\pi t/12+2\pi/3)$.

四、理论推导与证明题

13. 略.

第十三次作业 机械波

一、选择题

1. B; 2. D; 3. D; 4. C; 5. D; 6. A.

二、填空题

7. $A\cos\left(\omega t+2\pi\dfrac{2L-x}{\lambda}\pm\pi\right)$;   8. 相同, $2\pi/3$;   9. $100\ \text{m/s}$;

10. $y=2A\cos\left[2\pi\dfrac{x}{\lambda}-\dfrac{1}{2}\pi\right]\cos\left(2\pi v t+\dfrac{1}{2}\pi\right)$,

或 $y=2A\cos\left[2\pi\dfrac{x}{\lambda}+\dfrac{1}{2}\pi\right]\cos\left(2\pi v t-\dfrac{1}{2}\pi\right)$,

或 $y=2A\cos\left[2\pi\dfrac{x}{\lambda}+\dfrac{1}{2}\pi\right]\cos(2\pi v t)$;

11. $H_y=-0.796\cos\left(2\pi vt+\dfrac{\pi}{3}\right)\ \text{A/m}$.

三、计算题

12. $y=0.01\cos\left(4t+\dfrac{1}{2}\pi+\pi x\right)$;

13. (1) $y=0.04\cos(2\pi(t/5-x/0.4)-\pi/2)$, (2) $y_P=0.04\cos(0.4\pi t-3\pi/2)$;

14. (1) $y_1=A\cos(\pi t-\pi), y_2=A\cos(\pi t)$, (2) 0;   15. $u=100\ \text{m/s}, \lambda=0.1\ \text{m}$.

第十四次作业 波动光学

一、选择题

1. B; 2. B; 3. B; 4. B; 5. D; 6. D; 7. C; 8. A; 9. B.

二、填空题

10. 上, $(n-1)e$;   11. $0.45\ \text{mm}$;   12. $2(n-1)e-\dfrac{\lambda}{2}$ 或 $2(n-1)e+\dfrac{\lambda}{2}$;   13. 子波, 子波干涉

(或子波相干叠加);   14. 632.6 或 633;   15. 5;   16. $60°, 9I_0/32$;   17. 传播速度, 单轴.

三、计算题

18. (1) $\Delta x=20D\lambda/a=0.11\ \text{m}$, (2) 零级明条纹移到原第70级明条纹处;   19. $\Delta l=1.61\ \text{mm}$;

20. (1) $\lambda_1=2\lambda_2$, (2) λ_1 的任意一级 k_1 级极小都有 λ_2 的 $2k_1$ 级极小与之重合;

21. (1) $\theta=45°$, (2) P_2 转过的角度为 $22.5°$.

四、理论推导与证明题

22. 略.

五、问答题

23. 略;   24. 略.

第十五次作业　狭义相对论

一、选择题
1. B；　2. B；　3. C；　4. A；　5. C.

二、填空题
6. 4.33×10^{-8}.

三、计算题

7. $S=7.2\ \text{cm}^2$；　8. $\dfrac{m_0}{V_0\left(1-\dfrac{v^2}{c^2}\right)}$；　9. $\Delta t=4.5$ 年, $\Delta t'=0.2$ 年.

四、理论推导与证明题
10. 略.

第十六次作业　量子力学基础

一、选择题
1. C；　2. C；　3. D；　4. A；　5. B.

二、填空题

6. $hc\dfrac{\lambda'-\lambda}{\lambda\lambda'}$；　7. 1.8；

8. 量子化定态假设, 量子化跃迁的频率法则 $v_{kn}=|E_n-E_k|/h$, 角动量量子化假设 $L=nh/2\pi$, $n=1,2,3,\cdots$；

9. $1,2,3,\cdots$（正整数）, 原子系统的能量.

三、计算题

10. 0.10 Mev；　11. (1) 1×10^{-2} nm, (2) 6.64×10^{-34} m；　12. $\Delta x\geqslant 48$ mm.

四、理论推导与证明题
13. 略.

五、问答题
14. 略.

模拟试卷二

一、选择题
1. B；　2. B；　3. A；　4. C；　5. B；　6. B；　7. B；　8. C；　9. D；　10. A；　11. A.

二、填空题

12. 9.90×10^2 J；　13. $|A_1-A_2|$, $x=|A_2-A_1|\cos\left(\dfrac{2\pi}{T}t+\dfrac{1}{2}\pi\right)$；　14. 4；　15. 0；　16. $\dfrac{2d}{\lambda}$；

17. 自然光或(和)圆偏振光, 线偏振光(完全偏振光), 部分偏振光或椭圆偏振光；

18. 完全偏振光(或线偏振光), 垂直；　19. 355 nm, 396 nm.

三、计算题

20. 解：$y=A\cos 2\pi\dfrac{ut-x}{\lambda}=-0.01$ m

$v=\dfrac{\text{d}y}{\text{d}t}\bigg|_{x=2,t=0.1}=-A\dfrac{2\pi u}{\lambda}\sin\left(2\pi\dfrac{ut-x}{\lambda}\right)=0$ m/s

$a=\dfrac{\text{d}^2y}{\text{d}t^2}=-A\left(\dfrac{2\pi u}{\lambda}\right)^2\cos\left(2\pi\dfrac{ut-x}{\lambda}\right)=6.17\times 10^3$ m/s^2

21. 解：(1)由单缝衍射明纹公式可知

$$a\sin\varphi_1 = \frac{1}{2}(2k+1)\lambda_1 = \frac{3}{2}\lambda_1 \quad (\text{取 } k=1)$$

$$a\sin\varphi_2 = \frac{1}{2}(2k+1)\lambda_2 = \frac{3}{2}\lambda_2$$

$$\tan\varphi_1 = x_1/f, \quad \tan\varphi_2 = x_2/f$$

由于 $\sin\varphi_1 \approx \tan\varphi_1, \sin\varphi_2 \approx \tan\varphi_2$,

所以 $x_1 = \frac{3}{2}f\lambda_1/a, \quad x_2 = \frac{3}{2}f\lambda_2/a$

则两个第一级明纹之间的距离为

$$\Delta x = x_2 - x_1 = \frac{3}{2}f\Delta\lambda/a = 0.27 \text{ cm}$$

(2)由光栅衍射主极大公式可得

$$d\sin\varphi_1 = k\lambda_1 = 1\lambda_1$$

$$d\sin\varphi_2 = k\lambda_2 = 1\lambda_2$$

且有 $\sin\varphi \approx \tan\varphi = x/f$

所以 $\Delta x = x_2 - x_1 = f\Delta\lambda/d = 1.8 \text{ cm}$

22. 解：根据相对论动能公式 $E_k = mc^2 - m_0c^2$

得 $E_k = m_0c^2\left(\dfrac{1}{\sqrt{1-(v/c)^2}} - 1\right)$

即 $\dfrac{1}{\sqrt{1-(v/c)^2}} - 1 = \dfrac{E_k}{m_0c^2} = 1.419$

解得 $v = 0.91c$

平均寿命为 $\tau = \dfrac{\tau_0}{\sqrt{1-(v/c)^2}} = 5.31 \times 10^{-8}$ s

23. 解：(1)德布罗意公式为

$$\lambda = h/(mv)$$

由题可知 α 粒子受磁场力作用做圆周运动，

$$qvB = m_\alpha v^2/R, \quad m_\alpha v = qvB$$

又 $q=2e$ 则

$$m_\alpha v = 2eRB$$

故 $\lambda_\alpha = h/(2eRB) = 1.00 \times 10^{-11}$ m $= 1.00 \times 10^{-2}$ nm

(2)由上一问可得 $v = 2eRB/m_\alpha$

对于质量为 m 的小球，有

$$\lambda = \frac{h}{mv} = \frac{h}{2eRB} \cdot \frac{m_\alpha}{m} = \frac{m_\alpha}{m} \cdot \lambda_\alpha = 6.64 \times 10^{-34} \text{ m}$$

四、问答题

24. 答：两个简谐振动应满足振动方向相同，振动频率相等，振幅相等，相位差为 π.

25. 答：不能产生光电效应.

因为：铝金属的光电效应红限波长 $\lambda_0 = hc/A$，而 $A = 4.2$ eV $= 6.72 \times 10^{-19}$ J

所以 $\lambda_0 = 296$ nm

而可见光的波长范围为 $400 \sim 760$ nm $> \lambda_0$.